Andrés González Hernández
Rodolfo Barragán Ramírez
Roberto Bautista García

Efecto de la proporción de r-PET extruido en filamento

Andrés González Hernández
Rodolfo Barragán Ramírez
Roberto Bautista García

Efecto de la proporción de r-PET extruido en filamento

Efecto de la proporción de r-PET extruido en filamento sobre propiedades físicas, estructurales y mecánicas

Editorial Académica Española

Imprint

Cover image: www.ingimage.com

Publisher:
Editorial Académica Española
is a trademark of
Dodo Books Indian Ocean Ltd. and OmniScriptum S.R.L publishing group

120 High Road, East Finchley, London, N2 9ED, United Kingdom
Str. Armeneasca 28/1, office 1, Chisinau MD-2012, Republic of Moldova, Europe
Managing Directors: Ieva Konstantinova, Victoria Ursu
info@omniscriptum.com

Printed at: see last page
ISBN: 978-620-8-82640-6

Efecto de la proporción de r-PET extruido en filamento

AUTORES

Andrés González Hernández

Roberto Bautista García

Rodolfo Barragán Ramírez

Resumen

México, el PET es principal fuente de contaminación desde suelos hasta mantos hídricos. La estrategia de reutilización de desechos urbanos forma parte de las metas planteadas desde los Objetivos de Desarrollo Sostenible en la agenda 2030. La economía circular fomenta la valoración de reutilización de desechos tal como es el PET de botella post-consumo urbano.

La evolución de impresión 3-D requiere encontrar materiales alternativos que promueven la mejora de las propiedades en la fabricación de prototipos 3D. El PLA y ABS son materiales plásticos muy comunes utilizados en impresión 3D; sin embargo, en el procesamiento de impresión, la emanación de vapores durante su fundición es riesgoso para la salud del usuario. El PET es un material muy abundante como residuo y podría tener potencial para uso de impresión 3-D. Sin embargo, el PET sufre degradación hidrolítica y rigidez a cambios de temperaturas de enfriamiento promoviendo la nula fluidez del material durante la extrusión.

Por otro lado, el PP es un polímero ligero, flexible y con alta resistencia al impacto. Por tales razones, el presente trabajo tiene como objetivo formular mezclas del r-PET/v-PP (10,30 y 50%) desde residuos de PET en botellas post-consumo, extruido en filamento (3mm de diámetro) para estudiar la densidad, estructura cristalina, y deformación plástica instantánea por ensayo de impacto con la finalidad de aumentar la fluidez del PET en la extrusión y disminuir la fragilidad en el proceso de enfriamiento en el filamento.

Los resultados DRX encontrados evidencian la presencia de percolación de ambos materiales, para PP fase α monoclínica; y PET fase β ortorrómbica. La densidad especifica de los filamentos demostró relación directa entre el incremento de la proporción en peso de PET en la matriz base, es decir, 10-5 r-PET presentó menor densidad. Este comportamiento se valida con las pruebas de hipótesis utilizando Mann-Whitney, es decir, existe diferencia significativa entre las mezclas con proporciones 30% r-PET versus 10% r-PET demostró tener diferencias significativas entre las densidades. El análisis ANOVA y LSD demostró que el tamaño de cristal por cada mezcla, todos los promedios son diferentes significativamente entre sí. En la prueba de resistencia al impacto, todas las probetas probadas mostraron fallas parciales en la superficie, presentando principalmente grietas y fracturas.

Índice

Lista de Tablas

Lista de Figuras

Lista de Figuras

Capítulo 1. **Introducción**

1.1 Antecedentes.

En la actualidad existen indeterminada cantidad de materiales que son ocupados en impresión de modelos 3D para su impresión. Algunos por mencionar, son los filamentos basados en resina poliéster, epoxi, fibra de carbono, composites o materiales reforzados con fibras, etc. Diez (2011). No obstante, alguno de sus componentes no biodegradables, expiden vapores tóxicos durante su extrusión o pueden ser inaccesibles por el costo en el mercado. Adicionalmente, a pesar de ingeniería de fabricación de materiales para 3-D, existen problemas al imprimir, entre los más comunes es que el extrusor se atasca, la primera capa no se adhiere a la base, falta de material entre las capas exteriores y el relleno entre otros (www. filament2print.com,2020).

El Polipropileno (PP) y sus derivados son ampliamente utilizados para producir plásticos moldeados debido a su peso ligero y resistencia al impacto. Este material resulta interesante para investigadores ecológicos e industriales ya que, debido a su disponibilidad en desechos plásticos reciclable, puede tener un gran impacto favorable en la preservación del medio ambiente. El Polietileno Tereftalato (PET), es considerado como uno de los polímeros de ingeniería de más importancia por sus aplicaciones ampliamente utilizado para elaboración de recipientes para líquidos tales como agua, bebidas, etc.... Awaja (2005). En 2021 en México se reciclaron alrededor de un millón 913 mil toneladas de residuos plásticos, cuya recuperación del PP es de 18.2% y PET de 22.1% Alegría (2022). Sin embargo, solo el 6.3% del plástico reciclado que se produce en México es reutilizable Calderón (2022).

Consecuentemente, en México existen programas de reciclado de materiales plásticos, sin embargo, no existen leyes que regulen y obliguen a las empresas a buscar alternativas de reutilización de los desechos plásticos que se producen (economía circular), reduciendo materiales contaminantes en el ecosistema. Por lo tanto, el presente trabajo representa el inicio de estudiar la compatibilidad de desecho plástico desde el post-consumo urbano en dispositivos conteniendo PET, como son las botellas de plástico de recipiente de agua y refrescos gaseosos. El PET reciclado (r-PET) fungirá como material secundario o de relleno sobre una matriz polimérica correspondiente a polipropileno comercial virgen (v-PP). Para evaluar la dispersión del material de relleno sobre la matriz v-PP, se propone diseñar mezclas al

50%, 30% y 10% extruido en filamento, para evaluar las propiedades físico-estructurales-mecánicas, como propuesta al fomento de economía circular como prueba piloto. Además, se realizan pruebas de hipótesis entre las mezclas para determinare si el efecto de las proporciones es significativamente en las propiedades estructurales considerando el tamaño de cristal en la celda unitaria, así mismo la variabilidad de la densidad del filamento obtenido.

1.2 Definición del Problema.

El Ácido Poli láctico (PLA) y el Acrilonitrilo Butadieno Estireno (ABS), son materiales plásticos comunes en la fabricación de filamentos para impresión 3D. El problema de estos materiales radica, que durante su procesamiento de impresión emiten vapores tóxicos y que ponen en riesgo la salud del usuario Leso (2021). Los filamentos ABS emiten la mayor concentración de partículas con el mayor tamaño de partícula, mientras que el PLA genera menos partículas con el tamaño más pequeño Zhang (2022). En aplicaciones avanzadas tales como en el área de aeroespacial, salud entre otro, el uso de impresión 3-D es costoso. Pacheco (2019), menciona en su proyecto técnico "el proceso de impresión existen diversos parámetros a controlar los cuales pueden ser la temperatura, densidad de relleno, patrón de relleno". Estos parámetros provocan defectos de impresión 3D en piezas debido a la porosidad del material por lo que representa debilidad en el módulo elástico.

Por otro lado, el Polyethilenoterephthalato (PET) es un material que podría utilizarse en procesos de impresión 3-D. El PET se encuentra desde la fabricación de botellas de PET para contenedor de agua o bebidas tales como refrescos u otros fluidos. Sin embargo, el PET procesado por sí solo como filamento debe enfriarse de manera transitoria sino alcanza su punto de transición vítrea entre 60 - 80°C y esto lo hace quebradizo (fragilidad) de acuerdo con Navarro y Torres (2022). Ahora, Little y col., (2020) mencionan que el mayor problema se ha identificado cuando el PET sufre una degradación hidrolítica durante el procesamiento de la masa fundida, lo que resulta en pesos moleculares reducidos y, si la materia prima está demasiado húmeda, no permite la fluidez constante en proceso de extrusión. El PET se estresa con cambios de temperatura, existen trabajos que han utilizado residuos de PET(www.3dnatives.com ,2023).

Por lo tanto, el presente trabajo propone mezclas de PET integrados en matriz de Polipropileno comercial, con la finalidad de estudiar la compatibilidad, las propiedades físicas, estructurales, mecánicas y evaluar si la proporción tiene efecto en las propiedades en mención desde el punto de vista de pruebas de laboratorio y estadística.

1.3 Objetivos.

1.3.1 Objetivo general.

- Evaluar el efecto del material de relleno r-PET en hojuelas, integrado en matriz v-PP comercial sobre propiedades físicas, estructurales y mecánicas, utilizando proporciones significativas en mezclas extruido en filamento.
- Determinar si el efecto del material de relleno r-PET es significativamente sobre parámetros físicos y estructurales a través de prueba de hipótesis (Mann-Whitney, ANOVA y LSD).

1.3.2 Objetivos específicos.

- Formular muestras al 50%,30% y 10% de r-PET, integrados en una matriz de v-PP comercial.
- Llevar a cabo procesos de extrusión variando la temperatura y manteniendo constante la velocidad deltornillo.

- Estudiar propiedades estructurales a través de patrones de difracción obtenidos por el método *Brag-Bentano*.
- Evaluar propiedades físicas y mecánicas a través del método volumétrico y ensayo de impacto respectivamente.
- Utilizar una prueba de hipótesis con una prueba no paramétrica, con la finalidad de conocer si las proporciones del PP-PET, son significativos.

1.4 Preguntas de la investigación.

De acuerdo con los objetivos planteados en el proyecto de tesis, las preguntas de investigación son las siguientes:

1. ¿La densidad especifica de la matriz de dos polímeros con diferentes puntos de fusión, será proporcional al porcentaje en peso de cada material? Es decir, ¿si aumenta el material de relleno en la matriz del material base, aumenta la densidad del material producto?

2. ¿Las propiedades físico- mecánicas están influenciada por el porcentaje dominante de cada material entre v-PP y r-PET?

3. ¿Las condiciones de extrusión para cada mezcla utilizando

PP-PET serán fijas en cada corrida?

4. ¿Los resultados de ensayos mecánicos en promedio serán iguales en función a cada mezcla?

1.5 Justificación.

La siguiente investigación se realiza con la finalidad de reutilizar materiales de desechos plásticos desde el posconsumo, para fomentar la economía circular. Actualmente, en México existen programas de recolección y reciclaje de desechos urbanos tales como botellas de PET, entre otros plásticos. La mayoría de los materiales reciclados son maquilados como materia prima para exportación a países asiáticos, por lo que la reutilización de estos es casi nula. Existen trabajos publicados sobre la reutilización de materiales que forman mezclas tales como fibras naturales, vidrio, fibra de vidrio, carbón, concha de ostión, entre otros(Diez, 2011). Sin embargo, algunos de ellos como el ABS expiden vapores tóxicos durante el proceso de extrusión; así mismo la escasez de materiales provocan altos costos en los filamentos comerciales.

Por lo tanto, el presente trabajo tiene como objetivo la formulación de mezclas utilizando v-PP, r-PET de residuos extruido en filamento como tecnología sustentable alternativa a bajo costo, calidad competitiva comparado con el material comercial, mejorando propiedades térmicas y de fragilidad.

1.6 Delimitación.

La presente investigación se realiza en la Universidad Autónoma de Tamaulipas Centro Universitario Sur (UAT-CUS), ubicada en la zona sur del Estado de Tamaulipas, en la Facultad de Ingeniería Tampico, en el laboratorio de Física. El alcance del proyecto es la formulación de mezclas utilizando proporciones de material base del 90%,70%,50% con relleno de hojuela PET. Se desarrolla en escala laboratorio.

Los recursos asignados son:

- 1 bulto de 25 kg de Polipropileno comercial donado por la empresa Indelpro, planta Altamira en domicilio conocido.
- Botellas de PET de 1000 mililitros, posconsumo y recolectados por autor del trabajo en mención.

Cabe mencionar que es un proyecto con recursos propios. La investigación tiene una duración de 15 meses concluyendo en abril 2024.

Capítulo 2. **Análisis de fundamentos.**

Para iniciar este capítulo, se presentan una serie de conceptos, los cuales son necesarios para tener entendimientoy compresión en lo que respecta a la extrusión de materiales de virgen Polipropileno (v-PP) comercial, Polietileno Tereftalato (r- PET) como desecho plástico.

2.1 Proceso de extrusión.

2.1.1 Definición

Dicho en palabras de Anguita (1977), un proceso de extrusión hace referencia a cualquier operación de transformación en laque un material fundido es forzado a atravesar una boquilla para producir un artículo de sección transversal constante y, en principio, longitud indefinida. Además de los plásticos, muchos otros materiales se procesan mediante extrusión, como los metales, cerámicas o alimentos, obteniéndose productos muy variados como son marcos de ventanas de aluminio o PVC, tuberías, pastas alimenticias, etc. Desde el punto de vista de los plásticos, la extrusión es claramente uno de los procesos más importantes de transformación. Aunque existen extrusoras de diversos tipos las más utilizadas son las de tornillo o de husillo simple, como se muestra en la figura 2.1:

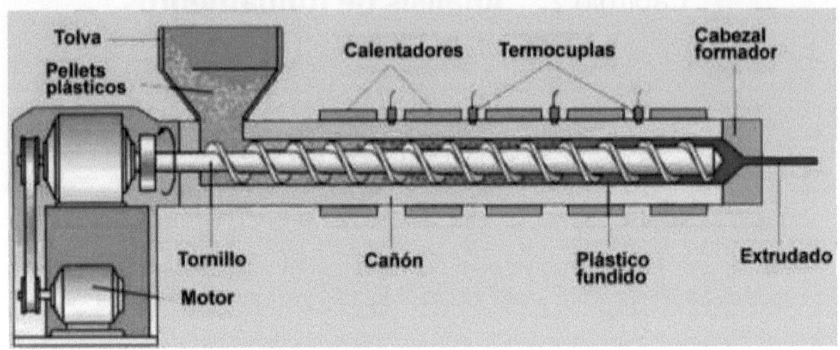

Figura 2.1 **Esquema general de las partes de la extrusora con husillo simple.**
Fuente: Adaptado de tecnología de los plásticos, por tecnología de los plásticos, 2011.

En el proceso de extrusión, por lo general, el polímero se alimenta en forma sólida y sale de la extrusora en estado fundido. En algunas ocasiones el polímero se puede alimentar fundido, procedente de un reactor. En este caso la extrusora actúa como una bomba, proporcionando la presión necesaria parahacer pasar al polímero a través de la boquilla. En otras dosocasiones se extruyen materiales sólidos, como es el caso delprocesado de fibras en el que se requieren elevadas orientaciones en el material (Anguita R., 1977).

De acuerdo con Pérez (2013), señala que el principal efecto de la modificación de la temperatura de extrusión es el ajuste de viscosidad del polímero. Agregando, que, si se emplea una menor temperatura de extrusión, entonces la potencia que se consume en el motor será mayor, debido a que al trabajar con una temperatura menor se hace más viscoso y a su vez este requerirá mayor potencia para lograr su avance a través de esta misma.

2.1.2 Tipos de Extrusión.

A continuación, se describen los diferentes tipos de extrusión que existen:

a) Moldeo por Inyección.

De acuerdo con Frizelle (2011) define que el modelo de inyección es un proceso de fabricación para producir piezas apartir de materiales plásticos, termoplásticos y termoestables. No depende de la conducción térmica para obtenerenergía en el plástico.

b) Moldeo por Compresión.

Es una de las técnicas de procesamiento de materiales más antiguas. Para los plásticos, fue uno de los primeros métodosindustriales, y también se conoce como moldeo a troquel. El proceso básico consiste en calentar una resina termoestable, bajo presión severa, dentro de una cavidad de molde cerrada, hasta que la resina se cure a través de una reacción química de cadenas poliméricas reticuladas Tátara R. A (2017).

c) Moldeo por Soplado.

Desde el punto de vista de Belcher (2011), define que un moldeopor soplado cubre tres procesos termoplásticos principales: moldeo por extrusión soplado, moldeo por soplado estirado y moldeo por inyección-soplado. El moldeo por soplado es la formación de un objeto hueco inflando o soplando un tubo fundido termoplástico llamado "Parison" en forma de cavidad de molde. El proceso consiste en extruir o "dejar caer" un Parisonsobre el que se cierran las mitades del molde femenino. El moldeo por extrusión soplado se puede clasificar en dos categorías principales: extrusión continua y extrusión intermitente.

d) Moldeo Rotacional.

Conocido como rotomoldeo o roto-fundición, es una parte relativamente pequeña de la industria del plástico practicadapor alrededor de 2500 empresas en todo el mundo y consume aproximadamente el 0.7% del volumen total de la producción mundial de plásticos. La versatilidad del moldeo rotacional se demuestra constantemente mediante una amplia gama de productosen una gama igualmente amplia de mercados. Las aplicaciones ideales sin tanque para el moldeo rotacional son típicamente formas huecas complejas en cantidades relativamente bajas. Elmoldeo rotacional tiene cuatro pasos básicos: carga, calentamiento, enfriamiento y descarga Nugent P. (2011).

e) *Extrusión de Mono y Doble Husillo.*

Existen dos grandes categorías de extrusoras: extrusoras de un solo tornillo y de doble tornillo. La extrusora de un solo tornillo ha existido durante muchos años y hoy continúa siendo la forma principal de extrusora, debido a la facilidad de producción y los menores costos del equipo, así como a su capacidad para manejar altos pares durante el procesamiento de polímeros. Las extrusoras de doble tornillo se utilizaron principalmente para la extrusión y composición de polvo de polímero, donde, la mezcla dispersiva de alta calidad o los tiempos de residencia bien definidos para la devolatización, los polímeros sensibles a la temperatura y la extrusión reactiva Eldridge (2011).

f) *Termoformado.*

De acuerdo con Throne (2011) el termo formado, es un

proceso que comienza con una lámina de plástico extruido. El proceso consiste en calentar la lámina de plástico a un rango de temperatura donde sea suave o maleable. El termoformado representa un grupo de procesos de formación de láminas que incluye la formación al vacío, la formación de cortinas, la formación de burbujas libres de ondulación, la flexión mecánica, la formación de moldes emparejados, el moldeo de palanquilla, la formación a presión y la formación de doble lámina.

2.2 Materiales.

2.2.1 Polipropileno

El Polipropileno (PP) es ampliamente utilizado para la producción de plásticos moldeados debido a la excelente combinación de propiedades que presenta como peso ligero y resistencia al impacto (Figura 2.2). Scheuermann (1989), señala que, el conocimiento exacto de los datos de operación de una maquina extrusora hoy en día es definitivamente necesario, porque sin este conocimiento es casi imposible juzgar la calidad del producto y mantener una operación eficaz y económica.

Figura 2.2 Ilustración pallets o granos de Polipropileno (PP).
Fuente: Adaptado desde Repsol, 2022.

Caicedo (2017), señalan que los proyectos de investigación aplicada hoy en día tienden a realizar modificaciones sobre matrices del PP por medio del desarrollo de materiales compuestos utilizando partículas a nano y microescala. En la evaluación de propiedades fisicoquímicas se consideran diversas técnicas como, por ejemplo, la termogravimetría, con la que se identifica la temperatura de degradación y estabilidad térmica, la calorimetría diferencial de barrido indica los cambios de fase asociados al material. Esta última permite realizar estudios dinámicos a través de los diferentes tratamientos y ciclos de proceso.

2.2.2 *Ficha técnica de Polipropileno (Profax).*

A continuación, en la Figura 2.3 se muestra la ficha técnica del Polipropileno (PP) PROFAX de INDELPRO, diseñado para máquinas de extrusión e inyección. Sus características son:

- Alta rigidez.
- Buena estabilidad al proceso.
- Buena estabilidad dimensional.

El índice de fluidez del PP (MFR), g/10 min es de 12, y su densidad(g/cm3) es de 0.9.

6331

HOMOPOLIMERO DE POLIPROPILENO PARA USOS GENERALES Y FIBRA

El Profax 6331 es un homopolímero de polipropileno para usos generales y aplicaciones de fibra; está diseñado para máquinas de extrusión e inyección.

La resina base de este producto cumple con los requerimientos de FDA contenidos en el código 21 CFR 177.1520.

Características:

- Alta rigidez
- Buena estabilidad al proceso
- Buena estabilidad dimensional

Aplicaciones Típicas:

- Inyección en general
- Artículos del hogar
- Extrusión de fibra
- Multifilamento y monofilamento
- Película no orientada – cast film

Profax 6331: HOMOPOLIMERO PARA USOS GENERALES Y FIBRA

Propiedades físicas típicas(a)	Valor Típico	Método ASTM(b)
- Indice de fluidez (MFR), g/10 min	12	D1238
- Resistencia a la tensión en el punto de cedencia, MPa (psi)	32 (4,640)	D638
- Alargamiento en el punto de cedencia, %	10	D638
- Resistencia al impacto Izod con muesca a 23°C, J/m (ft-lb/in)	21.3 (0.4)	D256A
- Módulo de flexión, MPa (psi)	1,350 (195,750)	D790A
- Densidad, g/cm^3	0.9	D792A
- Temperatura de deflexión a 0.46 MPa (66 psi), °C (°F)	100 (212)	D648

(a) Los valores mostrados aquí son promedios y no deberán ser interpretados como especificación
(b) Los Métodos de prueba ASTM son los últimos editados por la sociedad

™ Profax es una marca registrada de Basell Polyolefins Incorporated
Producto fabricado en México bajo las normas y estándares acordados con Basell Polyolefins

Impreso en México

Of. México: (55) 9140-4900 al 05 / Of. Monterrey: (81) 8748-2900 al 05

Figura 2.3 **Propiedades físicas típicas del Polipropileno virgen.**
Fuente: Ficha técnica proveído por la empresa

2.2.3 *Tereftalato de Polietileno (PET).*

De acuerdo con Dueñas (2021), el Tereftalato de Polietileno (PET) es un poliéster aromático, que forma parte de los termoplásticos (Figura 2.4). Es uno de los termoplásticos más utilizados, especialmente para la fabricación de envases. El Polietileno Tereftalato se obtiene por la reacción de la policondensación entre el ácido Tere-ftálico y etilenglicol, que pertenecen al grupo de materiales sintéticos (poliéster). Al ser un termoplástico puede ser procesado mediante extrusión, inyección y soplado, soplado de preforma, y termo conformado. Este material debe ser rápidamente enfriado, para lograr una mayor transparencia.

Figura 2.4 **Ilustración hojuelas de Polietileno Tereftalato.**
Fuente: Adaptado de SoloStocks [Fotografía] , por SoloStocks,2020.(Pet (tereftalato depolietileno)Granza (solostocks.com)

Dicho en palabras de Zander & Margaret Gillan (2018), los materiales recuperados como los plásticos de desechos, se pueden utilizar en la fabricación aditiva para mejorar la autosuficiencia de los combatientes en las bases de operaciones avanzadas al reducir los costos y disminuir la demanda de reabastecimiento frecuente de piezas por parte de la cadena de suministro. Además, el uso de materiales de desecho en la fabricación aditiva en el sector privado reduciría los costos y aumentaría la sostenibilidad, proporcionando una producción de alto valor para los plásticos usados. La experimentación se lleva a cabo para procesar botellas y envases de tereftalato de polietileno que luego se puede utilizar para métodos de fabricación aditiva como la fabricación de filamentos fundidos, sin el uso de aditivos o la modificación del polímero.

2.2.4 Densidad de los materiales.

De acuerdo con Tippens (20007), la densidad o masa especifica (ρ) de un cuerpo, se define como la relación entre la masa (m) con respecto a su volumen (V); por la tanto se expresa con la siguiente ecuación 2.1:

$$\rho = \frac{m}{v} \quad \text{Ecuación 2.1}$$

Donde:
ρ: Densidad (g/cm^3)
m: Masa (g.)

V: Volumen (cm^3.

2.3 Estructuras de los polímeros cristalinos y amorfos.

Marcilla y Beltrán (2011), describen los términos cristalino y amorfo, se utilizan normalmente para indicar las regiones ordenadas y desordenadas de los polímeros respectivamente. La figura 2.5 muestra estructuras a través de cadenas de un sistema amorfo, uno semicristalino y otro cristalino. En este estado sólido algunos polímeros son completamente amorfos, otros son semicristalinos y, dependiendo de las condiciones de cristalización, un polímero con capacidad de cristalizar puede ser amorfo o semicristalino. Con frecuencia se utiliza el término cristalino en lugar de semicristalino, aunque ningún polímero es completamente cristalino.

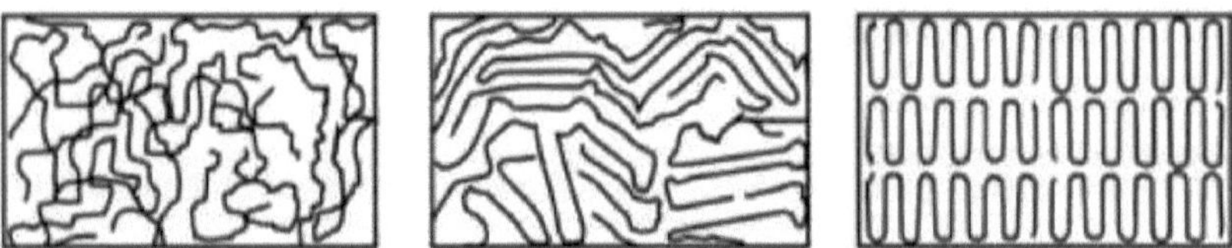

Figura 2.5 **Sistema amorfo (a), semicristalino (b) y cristalino (c).**
Fuente: Marcilla y Beltrán, 2011.

Los polímeros con capacidad de cristalizar son aquellos cuyas moléculas son química y geométricamente regulares en su estructura. Las irregularidades ocasionales, tales como las ramificaciones de la cadena, o la copolimerización de una pequeña cantidad de otro monómero, limitan el alcance de la cristalización, pero no evitan que ocurra. Por lo contrario, los polímeros no cristalinos típicos son aquellos en los que existe una clara irregularidad en la estructura, por ejemplo, polímeros ramificados, polímeros atácticos y copolímeros con cantidades significativas de dos o más constituyentes monoméricos bastante diferentes.

2.4 Propiedades estructurales de materiales poliméricos.

En palabras de Fombuena-Forras (2016), menciona que las propiedades macroscópicas de uso de los plásticos dependen de diferentes factores de nivel microscópico, tales como se describen a continuación:

a) Composición química del polímero.

Con ello Fombuena-Forras (2016), se refiere a las propiedades del polímero que dependen de la composición química del mismo. La cadena o red del polímero estará compuesto por diferentes elementos, estos mismos tendrán un papel decisivo en el comportamiento del polímero. Estos elementos que formarán el polímero permitirán su identificación.

b) Tamaño de molécula.

Fombuena-Forras (2016) menciona que el peso molecular y la distribución de molécula, entendiendo que la molécula como la repetición de una unidad molecular (mero), afectara de forma determinante a las propiedades del material (viscosidad, cristalinidad, resistencia).

c) Topología de las macromoléculas.

En palabras de Fombuena-Forras (2016), dice que el nivel de ramificaciones y entrecruzamiento de las macromoléculas afectara de forma decisiva al comportamiento del polímero.

d) Microestructura (isómeras, estereoquímicas).

Fombuena-Forras (2016) comenta que la microestructura también juega un papel decisivo en el comportamiento del polímero, la disposición de las cadenas moleculares afecta el comportamiento macroscópico del material (isometría, estereoquímicas).

e) Morfología de agregados.

En palabras de Fombuena-Forras (2016), dice que la cristalinidad afecta al comportamiento del polímero, así un polímero parcialmente cristalino tendrá más resistencia y menos ductilidad, por el contrario, en el caso de ser completamente amorfo poseerá menos resistencia, pero más ductilidad.

f) Transiciones de estructura (TA transición vítrea, TA de fusión).

Dicho en palabras de Fombuena-Forras (2016), un factor determinante en el comportamiento de un polímero son las transiciones de estructura que posea. Así el comportamiento no será el mismo si se encuentra situado por debajo o encima de su temperatura de transición vítrea, algo similar ocurre con la temperatura de fusión del polímero. Para conocer todas estas propiedades se utilizan las técnicas de caracterización. Estas mismas buscan explicar el comportamiento de los materiales, es decir, las propiedades obtenidas en los ensayos de los materiales.

2.5 Difracción de Rayos para análisis estructural.

El autor Ceja y col., (2010), define que la Difracción de Rayos X (DRX) es una herramienta que se ha utilizado durante el último siglo para el estudio de compuestos, materiales y minerales. También estudia la composición de suelos e identificar minerales, aleaciones, metales, materiales catalíticos, ferro eléctrico, luminiscentes, entre otros. Estetipo de análisis se ha incorporado al estudio de materiales enel área de nano ciencias, debido a que la información que estamisma arroja es un difracto grama que ayuda a determinar la estructura cristalina y la composición de un material, e incluso, a partir de un difractograma se pueden calcular los tamaños de grano. Así mismo, está formado por reflexiones (picos) que corresponden a las distancias de dimensiones nanométricas entre familias de planos átomos.

2.5.1 Tamaño de cristal por Scherrer.

El tamaño de cristal de un material se determina utilizando el patrón de difracción obtenido desde un difractómetro. Para calcular el tamaño del cristalito, se requiere identificar el ángulo del pico más intenso del material difractado. En este contexto, la ecuación propuesta por Debye Sherrer (Rocha et al., 2016) es útil para determinar el tamaño promedio de los cristalitos (D) en la dirección perpendicular al conjunto de planos de la red. Por lo tanto, la siguiente ecuación 2.2 es útil para calcular el tamaño de cristal:

$$D = \frac{k\lambda}{\beta_h kl \cos \theta B} \qquad \text{Ecuación 2.2}$$

Donde:

B FWHM: es el ancho total en la mitad del máximo del pico *hkl*.

K: Red cristalina constante (~ 0.9).

Λ: Longitud de onda de rayos X de CuKα (λ = 0.154 nm).

θ_B: Ángulo de difracción de Bragg.

2.6 Pruebas de hipótesis.

2.6.1 No-paramétrica Mann-Whitney

En palabras de Sánchez (2015), menciona que la prueba de Wilcoxon - Mann Whitney (WMW) es conocida como la prueba de suma de rangos y generalmente se usa para comparar las medianas de dos conjuntos independientes. En los últimos años esta misma se ha usado con mayor frecuencia para comparar dos conjuntos diferentes. Menciona que la prueba WMW se diseñó para probar la hipótesis nula, el cual es un elemento de la primera muestra de la primera magnitud con respecto a la segunda y a la probabilidad de p (X < Y) = 0.5. Sin embargo, la interpretación del valor de p nos permite encontrar evidencia a favor o en contra de la igualdad en las medianas.

2.6.2 Análisis de Varianza (ANOVA)

Dicho en palabras de Dagnino (2014), el análisis de varianza o mejor conocido como ANOVA, es un conjunto de técnicas estadísticas de gran utilidad y ductilidad. Es útil cuando hay más de dos grupos que necesitan ser comparados cuando hay mediciones repetidas en más de dos ocasiones, cuando estos pueden variar en una o más características que afectan el resultado y necesitan ajustar su efecto de dos o mástratamientos diferentes. La técnica más simple es el análisis(ANOVA)de un factor, es decir, cuando existe una sola variable independiente para clasificar a los sujetos de dos o más variables. El ANOVA permite analizar la variación en una variable de respuesta (variable continua aleatoria) medida encircunstancias definidas por factores discretos. El Análisis de varianza (ANOVA)se utiliza para cuatro situaciones:

a) Cuando hay más de dos grupos que necesitan ser comparados, también puede ser usado para ser usado para comparar únicamente dos grupos, la prueba t- Student es un caso especial de ANOVA de una vía.
b) Cuando hay mediciones repetidas en más de ocasioneso bien, cuando hay dos o más grupos en las cuales sehacen mediciones repetidas en dos ocasiones.
c) Cuando los sujetos pueden varias en una o más características que afectan el resultado y se necesita ajustar su efecto.
d) Cuando se desea analizar simultáneamente el efecto dedos tratamientos diferentes, cuando el efecto de cada uno por separado y su posible interacción es importante.

2.6.3 Diferencia mínima significativa (LSD) restringida de Fisher

La prueba LSD de Fisher es una de las más antiguas (conocida como LSD restringida) y se aplica en dos pasos. Primero, se debe declarar el análisis de varianza para el experimento como significativo y luego se aplica la prueba LSD. Sin embargo, según Saville (1990), esta prueba brinda resultados inconsistentes. Esto significa que su veredicto cambiara de experimento a experimento aun cuando no cambien las diferencias entre tratamientos, los grados de libertad ni el cuadrado medio del error. Por lo anterior Saville (1990), recomienda utilizar la LSD irrestricta con un alfa de 0.01 para resguardar al investigador contra los errores tipo I. La ecuación 2.3 expresa matemáticamente el mecanismo para determinar LSD (Gutiérrez-Pulido & De la Vara-Salazar,2008 Pág. 75):

$$LSD = t\frac{a}{2}N - k\sqrt{2CM_E}\ln \qquad \text{Ecuación 2.3}$$

Donde:

LSD: Diferencia mínima significativa.

$t\frac{a}{2}N - k$: Se lee en las tablas de distribución T de Student con N-k grados de libertad que corresponden al error,

CM_E: Cuadrado medio del error y se obtiene de la tabla ANOVA,

ln: Logaritmo natural.

2.7 Prueba de Impacto.

Mangonon (2001), describe que la propiedad de impacto de un material es su resistencia a la fractura cuando se aplica una carga repentina y dinámica. El ensayo para obtener las propiedades al impacto es muy sencillo, rápido y de bajo costo. Para simular un defecto en el material, se máquina una muesca típica de espécimen estándar al que se aplicara el ensayo. Por esta razón, al ensayo también se le llama ensayo de impacto con muesca, y los resultados del ensayo se conocen como las propiedades de tenacidad al impacto con muesca del material. Para llevar a cabo el ensayo de impacto, se utiliza un medidor de impacto Gardner, es un instrumento de prueba para la resistencia al impacto, este mismo se utiliza para establecer estándares de calidad para resistencia al impacto y penetración de superficies de materiales tales como: plásticos, resinas, fibra de vidrio, madera, chapa, contrachapada, etc.

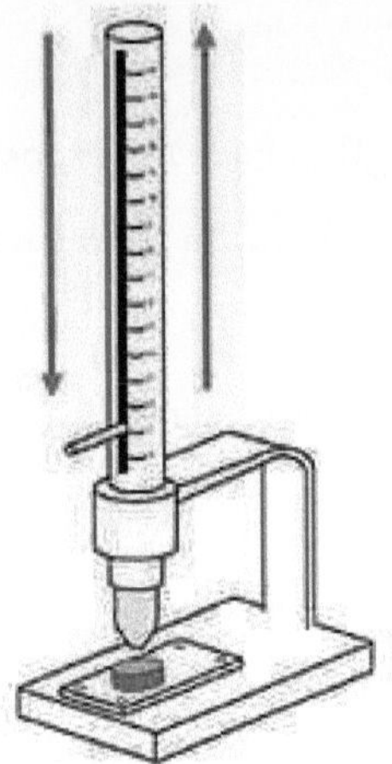

Figura 2.6 **Medidor de Impacto Gardner**
Fuente: www.mexpolimeros.com. Laboratorio>Análisis Mecánicas, 2023.

2.8 Estado del Arte.

Recientemente, se han publicado una variedad de estudios, que declaran la importancia de crear medidas de protecciónambiental en los procesos industriales y de manufactura. Enla revisión de la literatura con referencia al trabajo de investigación sobre la reutilización de residuos plásticos tales como el Polipropileno (PP), Tereftalato de Polietileno (PET), en composites con ácido esteárico, se encontraron los siguientes:

1. Trabajo de Patti (2021), elaboraron composites utilizando resina de polipropileno comercial y

partículas de estaño bajo punto de fusión, a través de un mezclado de fundición al 50%, introduciendo a la matriz el ácido esteárico (SA) como dispersante común. Los resultados de reología dinámica demostraron una reducción del dominio viscoso elástico lineal al aumentar las cargas de relleno, con un efecto más acentuado en presencia del SA. El estudio se centró en las mediciones reo lógicas rotacionales de suspensiones de estaño altamente cargadas con PP adición y sin adición de SA. Se encontró la dependencia de los compuestos de partículas de estaño y la morfología de la muestra dependían de la cantidad de SA y la fracción de rellenoutilizada en las formulaciones a base de polímeros. Estosignifica que, si el contenido de SA fuera mucho más alto que lo necesario para cubrir las partículas con un mono capa, y el relleno fracción fue mayor que el umbral de percolación, el SA podría quedar atrapado enla red tridimensional de la estructura percollada, favoreciendo las interacciones y partículas aglomeración.

2. Otra investigación de Bertolino (2021), formuló un

material a base de Polipropileno (PP) para ser adecuado para el modelado de deposición fundida (FDM). La alta contracción volumétrica y el comportamiento reológico son los principales problemas por los que el Polipropileno (PP), no se utiliza comúnmente como filamento de impresión 3D. Incluso se desarrolló un copo limero del PP heterofásico optimizado relleno detalco al 20% en peso. Sus propiedades se evaluaron mediante caracterización térmica y análisis reológico. Al igual se evaluó varios parámetros en este proceso, tales como; temperatura de extrusión, velocidad del tornillo y las condiciones de enfriamiento para tenerun filamento adecuado.

3. Los autores Katarzyna y col. (2021), comenta que en los últimos tiempos el tema del reciclaje de plástico se ha convertido en uno de los principales problemas de protección del medio ambiente y residuos. Se encontróque hay muchas aplicaciones en los materiales poliméricos en áreas de la vida cotidiana y la industria. Mencionan que el mercado de impresión 3D es un sector con muy buen crecimiento, que los filamentos imprimibles se

pueden hacer una variedad de materiales termoplásticos, incluido los procedentes del reciclaje. Se llegó a la conclusión de que esto proporciona mucho ahorro en el medio ambiente, aunado a la reciente pandemia por COVID-19, se observó que hay aplicaciones individuales tales como viseras como una cubierta medica que protege los ojos delcoronavirus.

4. Maximilian y col. (2022), analizaron el proceso de extrusión de escamas de botellas de PET recicladas en un filamento, teniendo en cuenta diferentes tornillos de extrusión y parámetros de extrusión. Además, se realizó una caracterización térmica, reológica ymecánica de la resina reciclada para ofrecer una comparación con el material virgen y un filamento de tereftalato de polietileno modificado con glicol (PETG) disponible comercialmente. Los resultados muestran la importancia de parámetros de secado adecuados antes de la extrusión y la sensibilidad del material, la humedad, lo que lleva a la degradación. El procedimiento de secado del material debe analizarse adecuadamente. El PET es

sensible a la humedad y, porlo tanto, debe secarse antes del procesamiento.

5. De acuerdo con Zárybnická (2022), refiere que el tipo más común de impresión 3D utiliza la Fabricación de Filamentos Fundidos (FFF), en el que los materiales basados en termoplásticos o elastómeros se procesan en filamentos. Se han encontrado que varios tipos de aditivos inorgánicos y orgánicos desempeñan un papel beneficioso, tales como el CaCO3, que se utiliza de formaestándar como relleno para el procesamiento de materiales poliméricos. Observaciones microscópicas mostraron granulados de Polipropileno (PP) con adiciones de CaCO3 se han procesado sin diferencias significativas y se han producido granulados aproximadamente de un 4% más de densidades en comparación con la muestra de referencia. Los filamentosde Carbonato de Calcio (CaCO3) producidos pueden encontrar sus aplicaciones en 3D.

6. Dicho en palabras de Keat (2022),destacan algunos plásticos utilizados para la impresión 3D, por ejemplo,copo limeros de acritronitrilo-butadieno-

estireno (ABS), poli (ácido láctico) (PLA), poli (alcohol vinílico), tereftalato de polietileno glicol (PETG), etc. También cubre la aplicación de plásticos de impresión 3D en diversos campos, por ejemplo, biomédico, farmacéutico, robótico, electrónico,protector facial y otros. Se discuten los factores que controlan la imprimibilidad 3D de los plásticos, así como las estrategias para mejorar la impresión 3D.

7. En palabras de Merrington (2017), comenta que, aunque la cantidad de plásticos reciclados ha aumentado constantemente desde que comenzaron los registros, latasa de reciclaje no se mantiene al día con la velocidad a la que se producen los plásticos vírgenes. Una mayor proporción de plásticos se está eliminando en vertederos que nunca.

Hay muchas oportunidades para usar plásticos reciclados, pero la utilización debe ser financieramente viable, técnicamente factible y ambientalmente segura. La mayor parte de la tecnología utilizada hoy en día se centra en recuperar el valor de flujos homogéneos de alto valor y baja contaminación. Sigue habiendo una serie de plásticos que no se pueden recuperar económicamente y ese número cambia con el precio del petróleo: a medida que el precio del petróleo baja, el costo de producir plásticos vírgenes disminuye, lo que hace que muchos procesos de reciclaje sean menos atractivos económicamente.

Capítulo 3. **Método de la investigación.**

3.1 Enfoque de la investigación.

El enfoque de esta investigación es exploratorio, correlación y experimental, porque se aborda el nuevo conocimiento sobre la interacción del material de relleno (r-PET) en escala laboratorio para estudiar el efecto sobre las propiedades físicas, estructurales y mecánicas.

El autor Hernández-Sampieri (2014), describe el estudio exploratorio se realiza cuando el objetivo es examinar un tema o un problema de investigación poco estudiado, del cual se aborda para entender el mecanismo de interacción entre el material de relleno y material de base, cuya información es útil para la ciencia y la tecnología. En este contexto, se ha definido así porque en el proceso de revisión del Estado del Arte existe escasa información sobre composites del v-PP de base y r-PET como relleno en ciertas proporciones (50%,30%,10%).

El mismo autor, menciona que:

> *"Un estudio correlacional asocia variables medianteun patrón predecible para un grupo o población".*

Entonces, el presente trabajo es considerado correlacional porque se están estudiando las variables de entrada que son primeramente la proporción o cantidad de cada material. Por otro lado, según Hernández-Sampieri (2014) describe:

> *"La investigación experimental se divide en pre-experimentos, experimentos "puros" (verdaderos) y cuasiexperimentos".*

Esto permite manipular variables que son desconocidas para el investigador y por lo tanto se están llevando pruebas de laboratorio.

3.2 Tipo de investigación.

Es una investigación cuantitativa, porque se van a utilizar variables de entrada de tipo continua (porcentajes, temperaturas, velocidad), y como variables de respuesta tales como propiedades mecánicas (deformación plástica instantánea expresados en J/m)

En palabras de Hernández-Sampieri (2014):

> *"Un enfoque cuantitativo usa la recolección de datos para probar hipótesis, con base en la medición numéricay el análisis estadístico, para establecer patrones decomportamientos y probar teorías".*

En este contexto, el presente trabajo corresponde a

investigación cuantitativa, porque se estudia a partir de la propuesta de mezclas proporcionales de material secundario (r-PET) insertado en matriz de v-PP, para evaluar el efecto sobre propiedades físicas (densidad), estructurales (Tamaño de cristal) y mecánicas (deformación plástica instantánea), utilizando variables continuas como lo son % volumen, peso, amplitud medio de pico de pico de difracción. Así mismo, el tratamiento de la densidades y tamaño de cristal de los materiales son sometidos a pruebas de estadística para evaluar si los resultados obtenidos son significativos entre sí.

3.3 Método de la investigación.

Para el desarrollo del trabajo de investigación, se propone la siguiente metodología experimental.

3.3.1 Diseño Experimental.

En tabla 3.1, muestra las variables experimentales de trabajo tales como son las proporciones de las mezclas de r-PET como material de reforzamiento, utilizando 3 niveles; 10,30 y 50% en peso. De igual manera, las variables de respuestas serán abordadas con las técnicas de DRX, Ensayo por Impacto y método de balanza ´para determinar la densidad de un material sólido.

Tabla 3.1 **Proporciones y caracterizaciones.**

Contenido r-PET (% peso)	**Densidad (g/cm^3)**	**DRX**	**Ensayo por impacto (J/m)**
10			
30			
50			

Fuente: Elaboración propia, 2023.

3.3.2 Desarrollo Experimental.

Para llevar a cabo el desarrollo del experimento, se propone las siguientes etapas, que a continuación se describen:

Etapa 1. ***Selección y preparación de los materiales.***

Se recolecta botellas de PET de 1000 mililitros, se elimina la etiqueta, base y cuello de las botellas. Cabe mencionar, que las botellas son desecho de recipientes de agua pura para consumo humano que fueron recolectadas previamente específicamente para el proyecto. Las botellas se cortan en forma de hojuelas el PET alrededor de 5-mm. Posteriormente en vasos precipitados se introduce el r-PET y v-PP, para pesarlo en una balanza de precisión (±0.01 g.). Posteriormente, ambos materiales pesados, estos se introducen a la estufa de aire forjado por separado a 100°C durante 1 hora, con finalidad de extraer la humedad en los polímeros de trabajo.

Etapa 2. ***Proceso de extrusión en forma de filamento/perfil.***

Luego, después del proceso de secado de los materiales, estos están listos para formar las mezclas. Para ello, utilizando un recipiente de galón, se introducen ambos materiales para el proceso de mezclado manualmente, de tal manera procurando que la mezcla sea homogénea. Para esto, la máquina extrusora fue preparada previamente para alcanzar las temperaturas del procesamiento de extrusión de los filamentos. Se utiliza un barrido con material v-PP para limpieza del cañón durante 10 minutos, hasta que el producto el filamento se obtenga limpio, es decir, semitransparente.

Para entonces, el extrusor está listo para dosificar la formulación de la mezcla. Con la ayuda de un embudo de plástico, introducir cuidadosamente procurando no derramar la mezcla, a la tolva de entrada del equipo extrusor. Llene hasta su capacidad máxima y procurar estar rellenando para que el proceso de extrusión sea continuo. Considerando la temperatura de fusión de los materiales, para el caso de v-PP de ~167° y ~220°C para r-PET. En la tabla 3.2, se muestran las temperaturas de trabajo propuestas para el proceso de extrusión de filamentos.

Tabla 3.2 **Temperaturas de procesamiento de extrusión.**

Muestra	Temperatura (°C)			
	Zona D	Zona C	Zona B	Zona A
1	180	175	170	165
2	181	180	170	167
3	220	210	200	190
4	210	190	180	170

Fuente: Elaboración propia, 2023.

Etapa 3. ***Caracterización físico- estructural.***

Para la determinación de la densidad especifica de cada filamento, se emplea el método de la balanza analítica (±0.001 g) y método matemático de la geometría. Para determinar la estructura cristalina de las mezclas se utiliza un difractómetro Rigaku método Bragg utilizando un barrido de 2θ de 10 hasta 30° con un paso 8 seg. /grado. Cabe mencionar, que las propiedades estructurales (rayos x) serán analizadas en función de los resultados de las propiedades mecánicas.

Etapa 4. ***Evaluación de deformación plástica instantánea por impactómetro.***

En el caso de la prueba de impacto (Gardner Impact, Columbia, Maryland USA), el cual se muestra en la Figura 2.6, la evaluación de la prueba de impacto en la muestra. Utilizando un motor de 35.58 J/m. De acuerdo con la norma ASTM D520-04 [214], los posibles tipos de falla podrían ser:

1. Grieta o grietas en una sola superficie (la placa aún podría contener agua).

2. Grietas que penetran en todo el espesor (el agua probablemente penetraría a través de la placa.

3. Rotura quebradiza (la placa está en varios pedazos despuésdel impacto).

4. Falla dúctil (las placas penetradas por un desgarro).

La muestra se basa en una placa base a través de una apertura de un diámetro especificado. Un impactador se encuentra en la parte superior de la muestra con un radio especificado en contacto con el centro de la muestra. Un peso se eleva dentro de un tubo guía a una altura determinada, y posteriormente se deja caer sobre la parte superior del impactador.

Para revisar la imagen de las probetas antes y después del ensayo, se utiliza un microscopio óptico modelo 5306 (Konus Campus, USA), con bajo aumento 40X.

En la figura 3.1 se muestra la secuencia del desarrollo del experimento a través de un diagramageneral.

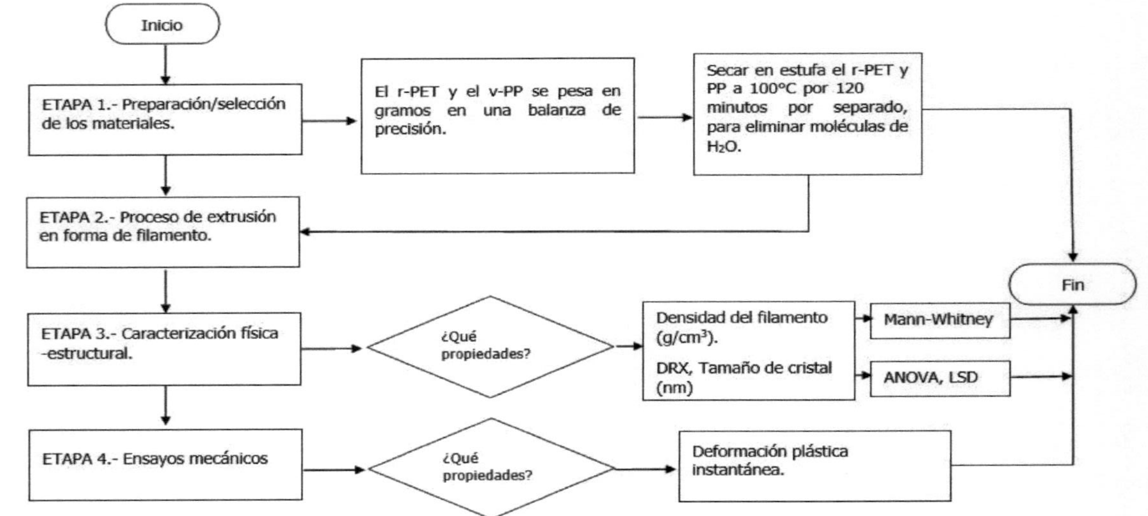

Figura 3.1 **Diagrama de flujo que muestra la metodología de la investigación.**

Fuente: Elaboración propia, 2023.

3.3.3 *Materiales y/o equipos*

De acuerdo con la metodología empleada para la recolección de datos, a continuación, se muestra la siguiente información (véase la tabla 3.3):

Tabla 3.3 **Relación de Equipos.**

Equipo/dispositivo	Cantidad	País de origen	Descripción	Condiciones técnicas
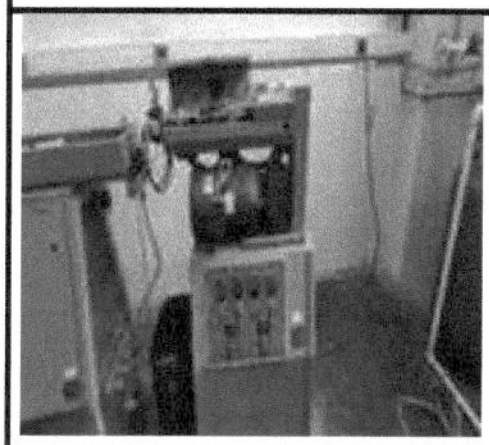	1	México	Extrusora Beutelspacher de monohusillo	Voltaje:220v Escala: Laboratorio
	1	USA	Dispositivo para ensayo de impacto BYK-Gardner Tester.	Carga incluida: 8 lbs (3.6 kg.) Peso: 37 Lbs (16.8 kg.) Escala:Inglesa.
	1	USA	Balanza precisión Ohaus.	Modelo: Pionner PA 3102 Voltaje: 9.5 – 20V Capacidad: 3100 gr. Legibilidad: 0.01 gr. Dimensiones: 19.6 ×6 × 9.2 × 32 cm.

Fuente: Elaboración propia, 2023.

Equipo/dispositivo	Cantidad	País de origen	Descripción	Condiciones técnicas
	1	USA	Balanza Analítica Ohaus.	Modelo: Adventure AR2140 Capacidad Máx.: 210 gr. Voltaje: 9.5 –20 V Legibilidad: 0.0001 gr.
	1	USA	Estufa de secado por aire forjado, Shellab Sheldon Manufacturing	Modelo: CE5F ZZMFG, Serie CQ-361 05 Voltaje: 115 V. Potencia: 50 /60 Hz.
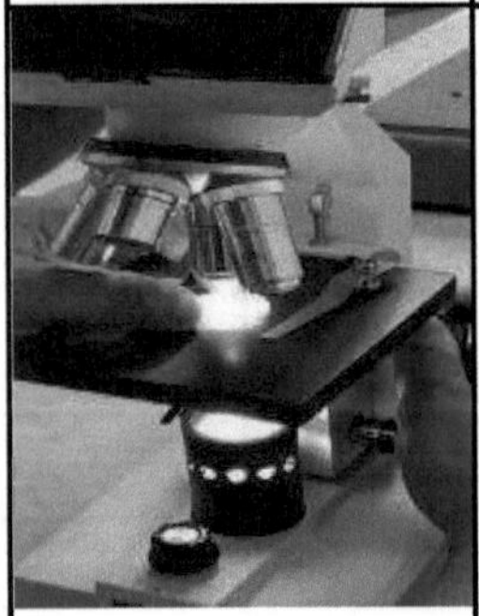	1	USA	Microscopio Biológico binocular, Konus Campus	Modelo: RMH-4B Voltaje: 12 V – 12 W. Enfoque: Macro y Micromérico. Codensador: 1,2 diafragma de Iris y portafiltros. Aumentos: 40X, 100X,400X, 1000X. Luminador: Lámpara halógena

Fuente: Elaboración propia, 2023.

Equipo/dispositivo	Cantidad	País de origen	Descripción	Condiciones técnicas
 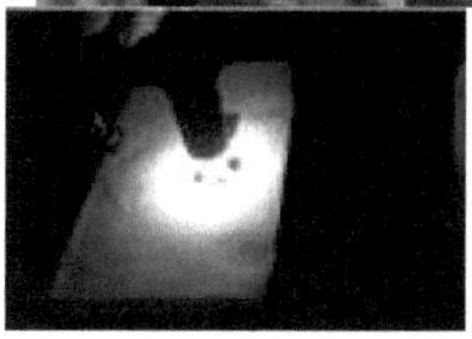	1	China	Microscopio digital portátil.	Modelo: JNYZ59419 Voltaje:115V. Aumentos: 40X, 100X,400X, 1000X. Rango de enfoque: 15 40 MM
	1	USA	Estufa de secado por aire forjado, Shellab Sheldon Manufacturing	Modelo: 3158-C Voltaje: 115 V. 50/60 Hz. Sistema de calentamiento : hasta 150°C Capacidad: 10 tons.
 Fuente:difractometro de rayos x .pdf (udg.mx) (Consultado28-04-2024)	1	Japón Japón	Difractómetro XRD-PANanalytical Empyrean, servicio contratado de caracterización.	Modelo: Empyren Generador: 4 Kw (Max 60 kV, Max 100 mA) Reproducibilidad angular: <0.0002° Rango de barrido: -11 < 2 θ< 168°

Fuente: Elaboración propia, 2023.

3.4 Categorías, variables e indicadores.

Para el proceso de procesamiento de los filamentos de las mezclas r-PET /v-PP, las condiciones de operación de la máquina extrusora se mantendrán constantes tales como la velocidad del tornillo, en algunoscasos, las temperaturas de extrusión desde las zonas de calentamiento. El producto del desarrollo de extrusión es obtener filamentos con diámetros de 3-mm con textura lisa, y material disperso en toda la matriz polimérica. Las variables de respuestas se consideran densidad del filamento, estructura del polímero y comportamiento de la resistencia a la deformación plástica. Así mismo, el análisis estadístico sobre prueba de hipótesis sobre existencia de lavariabilidad de la densidad de los filamentos y en el tamaño de cristal en la estructura.

Tabla 3.4 **Variables que intervienen en la extrusión de materiales de desechos plásticos.**

Categoría	Variable	Indicador	
Extrusión de Materiales de desechos plásticos	Experimentales	Compositos	Diámetro del filamento (3-mm) Textura del filamento (liso). Materiales miscibles entre sí (porcentaje en peso).
	Condición Fija	Temperatura deextrusión	Que se mantenga fija y constante
	Respuestas	Condiciones físico-termo-mecánicas	Densidad del Material
			Ensayo de impacto
			Niveles de significancia

Fuente: Elaboración propia, 2023.

3.5 Población y muestra.

3.5.1 Población.

La población se representa como los tipos más comunes de PET reciclados que existen tales como:

- PET/PETE: Tereftalato Polietileno.
- PET-C: PET Cristalino.
- PET-A: PET Amorfo.
- PET-G: PET Modificado Con Glicol.

3.5.2 Muestra.

De los diferentes tipos de PET reciclado, por conveniencia se selecciona trabajar con r-PET. La muestra seleccionada es por conveniencia, ya que se recolectan botellas de recipiente de agua perteneciente a la clasificación de termoplástico cristalino(PET/PETE). La presentación de la botella recolectada es de 1000 mililitros de volumen.

Para el desarrollo del presente estudio, se consideran formular 4 muestras en total (vea tabla 3.5).

Tabla 3.5 **Diseño de set de experimentos.**

Muestra	Descripción del proceso de extrusión del filamento	Bloque
1	Extrusión de la línea base (v-PP)	0
2	Proporción 50% PP comercial (c-PP), y 50% PET residuo (r-PET)	1
3	Proporción 70% PP comercial (c-PP), y 30% PET residuo (r-PET)	
4	Proporción 90% PP comercial (c-PP), y 10% PET residuo (r-PET)	

Fuente: Elaboración propia, 2023.

La selección de las corridas fue establecidas a través de un procesode aleatorización tipo tómbola sin reemplazo con la intención de mantener la confiabilidad el estudio.

3.5 Técnicas de recolección de datos.

La técnica empleada para la recolección de datos consiste en realizaruna tabla por diseño factorial, utilizando 1 factor y 3 niveles. Eneste caso, el factor es el efecto de la proporción del material secundario (r-PET) insertada en matriz de polímero comercial (v-PP) evaluando propiedades físicas, estructurales y mecánicas ya mencionadas previamente (ver figura 3.1). Los niveles se establecen considerando la proporción de integración de material secundario (r-PET), que son 10, 30 y 50 % en peso, manteniendo constantes algunas condiciones de operación en la extrusora.

Para la recolección de información, se disponen formatos específicosdiseñados (ver sección 3.7), desde los resultados de los filamentos a través de atributos físicos y condiciones finales de operación de extrusión. También se elaboran formatos para registrar las densidades, tamaños de cristal y comportamiento a la deformación plástica instantánea por cada muestra. De igual manera, para los análisis estadísticos se utilizan las hojas de trabajo disponible por cada software utilizado (Origin, Minitab y Microsoft Excel).

3.6 Diseño de instrumentos de recolección de datos.

Tabla 3.6, diseño de formato para obtener información sobre la temperatura durante el proceso de extrusión (zona A tolva ingreso del material hasta zona D, correspondiente al dado de salida) de la máquina extrusora y así mismo, el set experimental seleccionado aleatoriamente correspondiente.

Como se estableció en las secciones del muestreo, se desarrollan doce corridas experimentales estableciendo el tipo de set experimental. De igual manera, las condiciones de temperatura de extrusión, imagen del filamento extruido.

Tabla 3.6 Registro de condiciones temperatura de extrusión y selección de set experimental por cada corrida.

Muestra	Set Experimental	Temperatura Extrusión (°C)				Filamento
		Zona D	Zona C	Zona B	Zona A	
1						
2						
3						
4						

Fuente: Elaboración propia, 2023.

La tabla 3.7, presenta el formato de recolección de información correspondiente a la determinación de densidad específica (gr/cm^3),Tamaño de cristal (nm), carga tangencial (In-Lb) en muestra de mezclas propuestas en función al tratamiento.

Tabla 3.7 **Formato de recolección de las variables de respuestas por cada tratamiento(densidad y tamaño de cristal).**

Variable de respuesta	**Muestr a**		
	50% r-PET	30% r-PET	10% r-PET
Densidad (g/cm^3)			
Tamaño de cristal (nm)			

Fuente: Elaboración propia, 2023.

La tabla 3.8, recolecta de galería de imágenes de las probetas previo al ensayo de impacto y las imágenes de las probetas después de haberse ensayada.

Tabla 3.8 **Formato de recolección de las variables de respuestas por cada tratamiento(fotomicrografía y micrografía 40X).**

Muestra	**Fotomicrografía de probeta**		**Micrografía de probeta (40X)**	
	Antes de ensayo	**Después de ensayo**	**Antes de ensayo**	**Después de ensayo**
50% r-PET				

30% r-PET				
10% r-PET				

Fuente: Elaboración propia, 2023.

3.7 Análisis de datos.

Para analizar los datos correspondientes a esta investigación, se va a requerir el uso de las diferentes herramientas. A continuación, se describen cada una de ellas:

Origin Software® 16

Para elaborar las gráficas, se utiliza el software Origin® versión 2016 "Graphing & Analysis". El software es marca patente por ®OrigiLab Corporation, Northampton, USA. Es un programa informático patentado para gráficos científicos interactivos y análisis de datos.

Minitab® 19

Por otro lado, para llevar a cabo los tratamientos estadísticos, se utiliza el Minitab® 19 Statistical Software versión libre. Las pruebas estadísticas seleccionadas para los tratamientos estadísticos corresponden a pruebas No-paramétricas, tales como correlaciónSpearman y Mann-Whitney utilizando.

Microsoft Excel® 2016

El análisis de varianza (ANOVA) y Diferencia mínima significativa (LSD) se desarrolla a través de software Excel 2016,utilizando la herramienta de análisis de datos. Todas las pruebas estadísticas son llevadas a cabo utilizando un nivel de confiabilidad del 95% y un error significativo del 5% utilizando muestras pareadas.

Capítulo 4. Resultados.

4.1 Introducción.

Para iniciar este capítulo se presenta las condiciones finales de extrusión de los filamentos, así mismo, la evidencia fotográfica de los mismos. Posteriormente, se muestra la densidad de específica de cada set de experimentación, realizando una prueba de hipótesis con Mann-Whitney para determinar si existe diferencia significativa entre las densidades de cada composite filamento. Después, se muestra los análisis del efecto del tamaño de cristalito en función ala proporción de la mezcla del material de relleno (r-PET), analizando prueba de hipótesis por ANOVA y LSD. Finalmente, se presenta el comportamiento de resistencia a la deformación rápida a través del ensayo de Impacto utilizando *Gardner Tester*.

4.1.1 Condiciones y filamentos extruidos.

En la tabla 4.1 se muestra las condiciones de operación finales del proceso de extrusión considerando la temperatura por cada zona / set de experimentación. También se muestra la imagen del filamento obtenido. Se observa que cuando se mezcla el 50%

r-PET, se presentan filamentos con textura suave, con un diámetro uniforme. En la corrida 30% r-PET, en este caso se presentan filamentos con rugosidad y el diámetro no presentó uniformidad.

Tabla 4.1 **Condiciones de temperatura finales de extrusión y secuencia de corridas.**

Corrida	Set Experimental	Temperatura de Extrusión (°C)				Filamento ⇩
		Zona D	Zona C	Zona B	Zona A	
1	50% r-PET	181	180	170	167	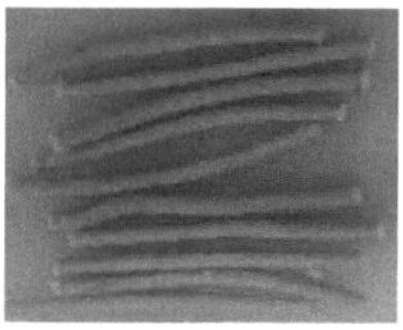
2	30% r-PET	220	210	200	190	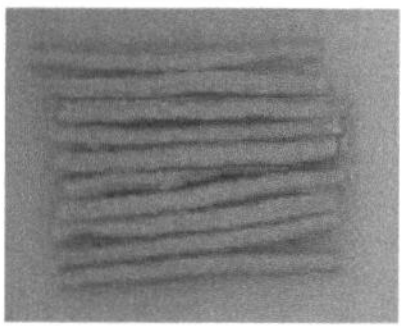
3	10% r-PET	210	190	180	170	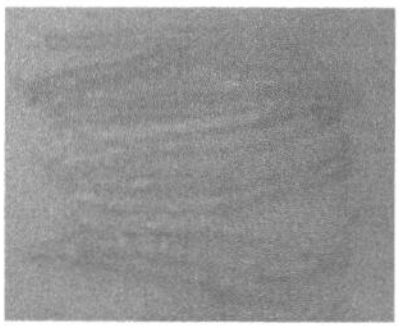

Fuente: Elaboración propia, 2023.

En la corrida 10% r-PET, durante el proceso de extrusión fue imposible mantener la temperatura constante, es decir que con temperatura ~ 180, 220 °C el material se fundía de tal manera que no se mantenía la consistencia del filamento, por tal motivo, se disminuyó la temperatura de extracción ~160°C..Este comportamiento es debido a la diferencia del punto de fusión del material de relleno (250°C) versus el material de base (165°C) asociada con la cantidad de porciento en peso, es decir, el material base que exhibe la mayor cantidad, predomina su punto de fusión. En atributos físicos, el filamento con 50% r-PET es de color café-magenta oscuro rígido frágil. Sin embargo, como va disminuyendo la proporción al 30%, es color se transfiere a más claro y así mismo, con la misma tendencia, al reducir la proporción a 10%, el material cambia a traslúcido y más flexible.

4.1.2 Determinación de densidad.

En la tabla 4.2, utilizando el método de la balanza a través de medición de masa (gr) y la geometría del filamento para calcular el volumen (cm^3). Se observa que en el set experimental de 50% PET - 50 % PP se presentó el mayor de densidad especifica de 1.024 ± 0.044 gr/cm^3, con error típico de 0.015. Este fenómeno, puede ser atribuido por la alta proporción de las hojuelas de PET dentro la matriz polimérica.

En caso contrario, se observa que las proporciones 90% PP - 10% PET y la proporción de 70% PP - 30% PET, presentaron la menor densidades especificas con 0.879 ± 0.099 y 0.893 ± 0.0488 gr/cm^3 respectivamente. Las bajas densidades a través de dos materiales con densidades especificas diferentes, el de mayor concentración influye en la propiedad en mención. Los demás resultados de otras densidades están entre los límites mencionados anteriormente. Cabe mencionar que la densidad específica del v-PP es 0.900 gr/cm^3 (Hoja técnica proporcionada por Indelpro Profax, 2020) y la de PET reciclado es 1.33 (gr/cm^3), de acuerdo con Pelisser at el., (2012).

Radeva (2006) explica en su artículo que muchas veces el comportamiento de las variables de respuestas está asociadas a la regla de las mezclas, es decir, que la formación de materiales a través de compuesto va a depender de las características intrínsecas de las cuales potencializan sus propiedades aleadas con otros materiales. También menciona que cantidades grandes de partículas gruesas ó grandes bloquean la eficiencia en las propiedades ya como producto final, siendo dependientes de las cantidades y propiedades relativas de los constituyentes individuales.

Tabla 4.2 **Densidades específicas de los filamentos extruidos.**

Variable de respuesta	**Muestra**		
	r-PET 10%	**r-PET 30%**	**r-PET 50%**
Densidad (g/cm³) ⇨	0.879 ± 0.099	0.893 ± 0.488	1.025 ± 0.044

*Densidad r-PET de 1.33 g/cm3, Pelisser at el., (2012).
** Densidad v-PET de 0.900 g/cm3, Hoja técnica proporcionada por Indelpro Profax, 2020.
Fuente: Elaboración propia, 2023

La Figura 4.1, el gráfico muestra que en la mezcla 90% PP- 10% PET, presenta la mayor variación en las densidades específicas, el cual puede atribuidos a los diferentes diámetros extruidos en filamentos causado por el alto índice de fusión del material. De igual forma se observa que la densidad en promedio es la menor, el cual pudiera ser atribuido por 2 factores:

1. Baja proporción de hojuelas de PET (10%).
2. No uniformidad en la geometría del diámetro del filamento extruido.

Por otra parte, la mezcla 50% PP - 50% PET, presenta una mayor densidad de 1.022 gr/cm^3, incluso mayor que la densidad del material base (densidad del PP es de 0.900 gr/cm^3).

Otro punto que se observó en las densidades de 50% PP- 50% PET, 70% PP- 30% PET (2%) y 70% PP - 30% PET (3%), que sus densidades son menores a comparación del material base, que pudiera ser atribuido al error del uso del método de la balanza, siendo un error del 2.2%.

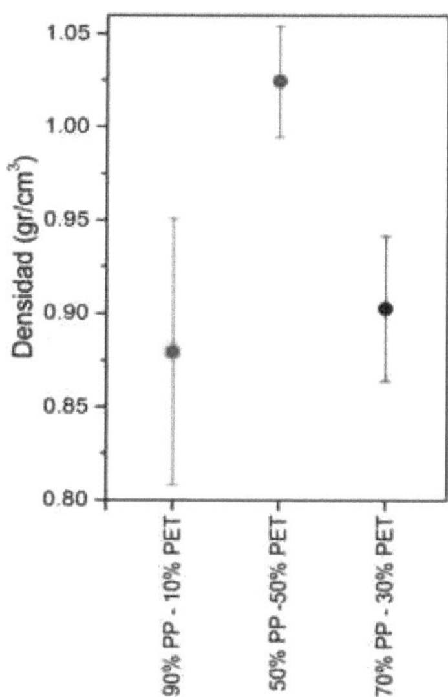

Figura 4.1 **Gráfico Diagrama de caja de las densidades especificas por cada set experimental.**
Fuente: Elaboración propia, 2023.

4.1.3 Prueba de hipótesis.

4.1.3.1 Comprobación de supuestos.

Para que la técnica de hipótesis sea eficiente, eficaz y confiable se tiene que cumplir ciertos requisitos en el conjunto de datos a estudiar:

1. Identificar si los datos preceden de una variable continua o discreta.
2. Las observaciones de ambos grupos son independientes.
3. Las observaciones son variables ordinales o continuas.
4. Bajo la hipótesis nula, las distribuciones de partida de ambas distribuciones es la misma.

4.1.3.2 Prueba de dependencia con coeficiente de Spearman.

El valor de r= 0, significa que es independiente, caso contrario hasta ±1, indica dependencia entre las variables. La tabla 4.3 muestra el nivel de dependencia exhibiendo relación negativa entre la proporción 50% r-PET vs 30% r-PET, así como el contraste entre 30% r-PET vs 10% r-PET. Sin embargo, la proporción 50% r-PET vs 10% r-PET presenta una relación positiva. Esto significa, que no siguen una relación directa, al menos en los dos primeros contrastes. Esto significa que laproporción no es directamente proporcional.

Tabla 4.3 **Prueba de dependencia de las variables.**

Muestr a	Valor r	Nivel de dependencia
50% r-PET vs 30% r-PET	-0.818	Estrecha dependencia negativa
30% r-PET vs 10% r-PET	-0.394	Baja dependencia negativa
50% r-PET vs 10% r-PET	0.266	Dependencia débil positiva.

$\alpha = 0.05$

Fuente: Elaboración propia, 2023.

Por lo tanto, considerando un nivel de confiabilidad del 95% y un error significativo del 5%, se infiere que las proporciones del 50% r-PET y 30% r-PET tiene una estrecha dependencia y relación. Caso contrario, las proporciones 50% r-PET y 10% r-PET en ambas pruebas, existe debilidad en la dependencia y relación entre ellas.

4.1.3.3 Prueba de normalidad con Kulmorogov-Smirnov.

Es importante señalar, que para seleccionar la mejor técnica para llevar a cabo la prueba de hipótesis y mantener la confiabilidad del estudio, es necesario cumplir con los supuestos:

1. Identificar el tamaño de los datos, es

decir, si n= > ó ≤ 30, para seleccionarla técnica que se ajuste al requisito.

2. Verificar si la población o muestra es diferente o igual a distribución normal.

Si el valor de p es mayor que α, entonces si sigue una distribución normal. El caso del presente trabajo, se utiliza el software Minitab 19 para prueba de normalidad a través de Kulmorogov-Smirnov utilizando los valores de densidad de cada proporción. Las Figuras 4.2(a-c) muestra la suavización (*fitting*) de lacurva utilizando la línea recta bajo la curva, así mismo, los valores del promedio y valor de P (P-value). Se observa que el valor de P-value en la proporción de 10% r-PET es igual 0.039. Esto es atribuido probablemente a que la distribución de los datos se asemeja distribución t (t-student).

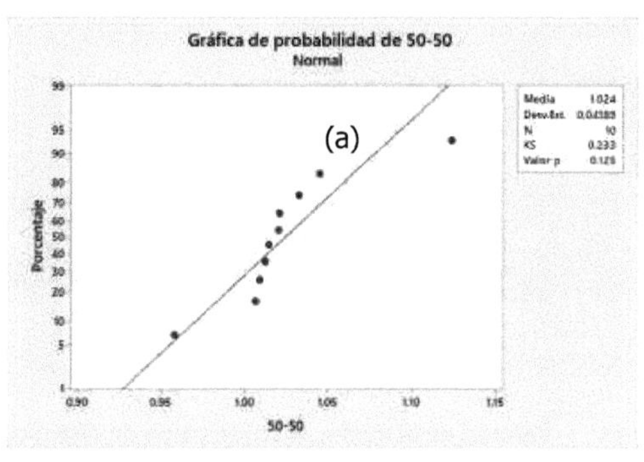

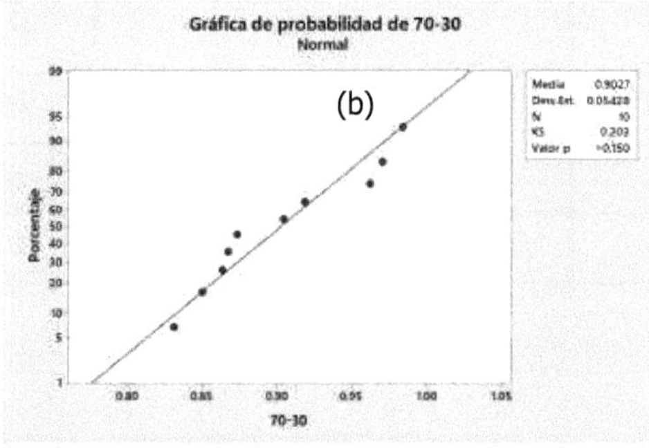

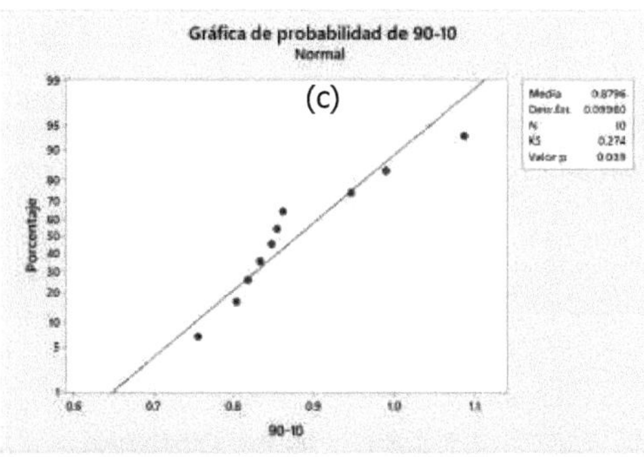

Figura 4.2 **Grafica prueba de normalidad: (a) 50% r-PET, (b) 30% r-PET y (c) 10% r-PET.**
Fuente: Elaboración propia, 2023.

En tabla 4.4 muestra los valores de estadística descriptiva a través de la media aritmética, valor P, y la interpretación para decidir si sigue o no una distribución normal. Se observa que la proporción del 10% r-PET presenta menor promedio, de igual manera el valor P.

Tabla 4.4 **Valores de la media, P-value y tipo de distribución.**

Muestra	Media	Valor P	Decisión de distribución
50% r-PET	1.024	0.125	Normal
30% r-PET	0.9027	0.150	Normal
10% r-PET	0.8796	0.039	No-normal.

α =0.05

Fuente: Elaboración propia, 2023.

Si P-value $\geq$ que α, entonces si sigue una distribución normal (α = 5% ~ 0.05); de lo contrario, siguen diferente distribución. En base a lo ya mencionado antes, solamente la proporción del10% r-PET, podemos notar que este no sigue una distribución normal. Sin embargo, el conjunto de datos en su mayoría sigueuna distribución normal.

4.1.3.4 Mann-Whitney.

Para evaluar si las densidades de los filamentos son diferentes o iguales entre sí, se utiliza la prueba de hipótesis No-paramétrica de Mann-Whitney por ser muestra muy pequeña (<30). Esta técnica permite potencializar la precisión y confiabilidad el estudio en muestras pequeñas.

A continuación, se describe el procedimiento estadístico para estimar los niveles de significancia.

4.1.3.5 Planteamiento de hipótesis.

H_0: Existe una diferencia significativa en al menos en unade las muestras de las densidades apareada por cada tratamiento.

H_1: No existe.

4.1.3.6 Tabla de prueba de hipótesis.

Los valores de densidad por cada filamento, es capturado en la hoja de trabajo de Minitab 19. Utilizando la herramienta estadística No-paramétrica a través de Mann-Whitney con nivel de confiabilidad del 95% y error de significancia del 5%, se lleva a cabo el tratamiento estadístico donde se muestra los valores de P (*P-value*) (véase en tabla 4.5).

Tabla 4.5 **Prueba de hipótesis No-Paramétrica Mann-Whitney.**

50% r-PET vs 30% r-PET	50% r-PET vs 10% r-PET	10% r-PET vs 30% r-PET
Valor P		
0.000	0.003	0.212

α = 5% ~ 0.05

Fuente: Elaboración propia, 2023.

4.1.3.7 Valores de P.

En la tabla 4.5 muestra los valores de P de las muestras apareadas contrastadas utilizando nivel de significancia (5% ~ 0.05) a través de Mann-Whitney. Se observa que en la muestra de 50% r-PET vs 30% r-PET, el valor P es de 0.000. Para el caso de 50% r-PET vs 10% r-PET, el valor de P es 0.003, y, por último, 30% r-PET vs 10% PET obtuvo un valor de 0.212.

4.1.3.8 Contrastes de decisión.

Para inferir, se requiere aplicar la ecuación condicional de decisión, que expresa lo siguiente (ecuación 4.1):

Si el P-value $\geq \alpha$, se acepta la H_0 ecuación 4.1

Considerando la ecuación 4.6, se establece los siguientes contrastes con relación a la H_0:

Tabla 4.6 **Resultados de contraste prueba de hipótesis No-paramétrica Mann-Whitney.**

Contraste	Valor P	Decisión (H_0)
50% r-PET vs 30%r-PET	0.000	Rechazo
50% r-PET vs 10% r-PET	0.003	Rechazo
10% r-PET vs 30% r-PET	0.212	Aceptación

α =0.05 (5%)
Fuente: Elaboración propia, 2023.

4.1.3.9 Conclusiones.

Por lo tanto, considerando nivel de confiabilidad del 95% y un error significativo del 5%, se asume las siguientes inferencias:

1. No existe diferencia significativa en las densidades de la proporción 50% r-PET comparado con la proporción 30% r-PET, es decir, en promedio la densidad es igual.
2. No existe diferencia significativa en las densidades de la proporción 50% r-PET comparado con la proporción 10% r-PET, es decir, en promedio la densidad es igual.
3. Existe diferencia significativa en las densidades de la proporción 10% r-PET comparado con la proporción 30% r- PET, es

decir, en promedio la densidad no es igual.

4.2 Análisis estructural.

La Figura 4.3., muestra los patrones de difracción utilizando el método de Bragg Brentano. Las muestras se utilizaron mezclas de 10%, 30% y 50 % hojuelas de PET en un matriz α-PP comercial. Se observa en general, que es notable que los picos más intensos son promovidos por la contribución de la matriz polimérica del PP comercial. La cristalinidad comúnmente en el polipropileno (PP) en pellets grado comercial (Profax 6331), son las fases alfa con estructura monoclínica (α-PP) y beta celda Hexagonal (β-PP). Los autores Zhao y Li, (2006) mencionan que la diferencia estructural es que la fase β-PP difracta un pequeño pico en el ángulo 16.18°; por lo que, considerando la teoría, el material usado como base o primario corresponde a fase α. En este caso, los ángulos de difracción atribuido a la presencia de la fase del α-PP fueron 2θ°=14.20° (110), 16.91° (040), 18.50° (130), 21.22° (111) y 21.92° (131); estas posiciones de los picos de difracción, la mayoría coinciden con los trabajos de Boa & Tjong (2007), Rosales (2020), Moja etal., (2020); Akinci (2007) y Quiñones (2018). El α-PP es predominante en condiciones normales de procesamiento. La fase β es más evidente cuando el PP es expuesto a un alto gradientede temperatura o cuando se procesa con una cizalla superior. Se he reportado, que al añadirse materiales de naturaleza minerales u orgánica, la estructura del PP se convierte puramente al tipo-β, Quiñones (2018). Por ejemplo, Tao et. al(2008), mencionan en su publicación, que la fase β-PP modificado en comparación con el α-PP presenta alta resistencia al impacto a baja y alta temperatura ambiente. Sin embargo, el límite y módulo elástico es mayor para la fase α-PP. El homopolímero del PP (PP-H) es el producto más usado entre las familias del PP, contiene en mayor proporción cadenas poliméricas cristalizables e Isotácticas, gracias al control estéreo específico que brindan los catalizadores usados en el proceso de polimerización. En su estructura se encuentran regiones tanto cristalinas como amorfas, por lo cual se le conoce como un sistema de dos fases. A su vez, en la región amorfa, pueden presentarse estructuras tanto Isotácticas como Atácticas Quiñones (2018). El PP Isotáctico presenta tres tipos de formas cristalinas polimórficas, denominadas formas α, β yγ, las cuales tienen geometrías monoclínica, hexagonal y triclínica, respectivamente Quiñones (2018).

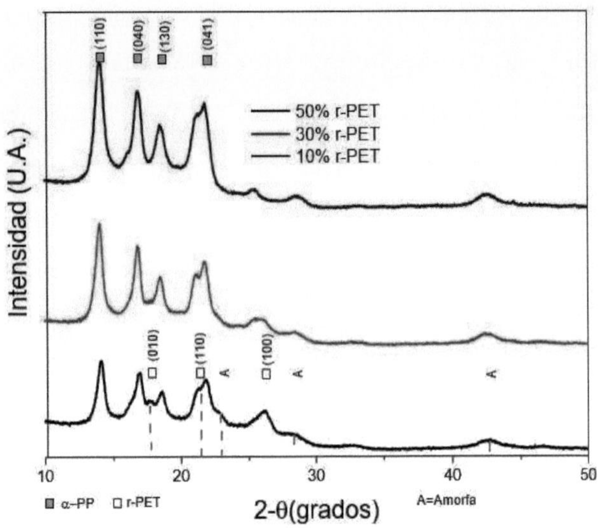

Figura 4.3 **Patrón de difracción de mezclas de r-PET insertado en matriz de α-PPcomercial.**

Fuente: Elaboración propia,2023.

Por otro lado, el polietileno tereftalato conocido como PET, se considera como resina termoplástica con estructura semi-cristalina. En este caso, se observa que en ángulo ~23° se exhibe un traslape de los picos de difracción del PP y el r-PET. La cristalinidad del pico (pico con mayor intensidad y mayor estrecho) está directamente relacionado con la cantidad de relleno de r-PET que se agrega a la matriz α-PP. En este contexto, los picos atribuidos a la presencia del PET 2θ°=17.64°, 21.32°, 25.95° en su fase cristalina; sin embargo, el 2θ°=~23.11°, 28.66 y 42.71°, presenta la fase amorfa cuyas señales de DRX son similares a los encontrados por Zaichenko & Nevedo (2021). El r-PET presenta estructura triclínica con parámetros de red de a=4.56Å, b=5.94Å, c=10.75Å cuyos ángulos celda unitaria es α=98.5°, β=118° y γ=112° Daubeny (1956; Candal et al. (2021). A pesar, que varios autores han publicadoque la mezcla del PP y PET no son compatibles termodinámicamente, promoviendo la separación de fases Akshaya (2020). En este contexto, en el procesamiento de los filamentospor extrusión, al menos la inclusión de relleno de r-PP dentro de la matriz α-PP permanece estable.

4.3 Análisis de Varianza.

El presente análisis tiene como objetivo determinar si las proporciones del material de relleno (r-PET), tienen efecto significativo en el nivel de cristalinidad en el material como producto final(filamento), utilizando la técnica estadística ANOVA de un factor. Para el caso específico, se utiliza tres tratamientos integrando 10%,30%,50% de r-PET (hojuelas de PET reciclado).

A continuación, se plantean las hipótesis de acuerdo con el caso de estudio. En este caso, partiendo de la hipótesis de que los átomos en las cadenas poliméricas pueden funcionarse a través de una vacancia o intersticial a través de la temperatura y miscibilidad de los materiales, se plantea que, a mayor proporción de PET, el tamaño de cristal disminuye significativamente.

H_0: $\mu 1 = \mu 2 = \mu 3$

El promedio del tamaño de cristal por cada mezcla, son iguales entre sí.

H_1: $\mu 1 \neq \mu 2 \neq \mu 3$

El promedio del tamaño de cristal por cada proporción, al menos una es diferente entre sí.

Como se muestra en la tabla 4.7, los tamaños del cristal en promedio pareciera que son similares entre sí considerando el plano orientado en el pico intenso de ~14° del patrón de difracción. Sin embargo, estadísticamente a través del método de mínimo cuadrado, se determina cuantitativamente que realmente las diferencias en promedio del tamaño de cristal si son significativas.

Tabla 4.7 **Determinación de tamaño de cristal (nm).**

Proporción (r-PET,% peso)	Pico intenso (2-ϴ)	Tamaño de cristalito (nm)			
		1	2	3	Promedio
10	14.1474	8.891	8.806	8.798	8.832 ± 0.051
30	14.0886	10.714	10.619	10.607	10.647 ± 0.059
50	14.1411	8.035	8.029	8.036	8.033 ± 0.004

Fuente: Elaboración propia, 2023.

Realizando el procedimiento a través de la herramienta de "Análisis de datos" considerando "Funciones para análisis" y "Análisis de varianza de un factor", se ejecuta la prueba de hipótesis. Considerando los grados de libertad de 2 para tratamientos y 6 para el Error, el valor de F estadística encontrada fue de 2643.1322 versos el valor crítico para F (valor tabla) fue de 5.14. La regla de decisión para aceptar o rechazar la H_0 establece que, sí la F estadística es mayor que la F critica, se rechaza la H_0.

Por lo tanto, se deduce que con un nivel de confiabilidad del 95% y un error significativo del 5%, se rechaza la H_0, es decir, al menos un promedio del tamaño del cristal de una mezcla es diferente a los demás. Sin embargo, la restricción de la presente técnica prevalece que no es posible identificar de los 3 tratamientos, cuál de ellos es la que no es igual a los promedios laterales. Por tal razón, después de haber rechazado la H_0, se sugiere analizar a través del método de Contraste de la Mínima Diferencia Significativa (LSD Fisher, por sus siglas en inglés).

4.4 Método LSD.

Una vez que se rechazó la H_0 en el ANOVA, el problema es probar la igualdad de todos los posibles pares de medias con las hipótesis:

H_0: $\mu i = \mu j$

H_1: $\mu i \neq \mu j$

Para toda i ≠ j.

Para k tratamientos se tienen en total k (k-/2 pares de medias. En tabla 4.8, se muestra el procedimiento para determinar si las medias son iguales entre sí. Primero se estable el contraste considerando 10% r-PET es igual 30% r-PET. Posteriormente, el segundo contraste es considerar 10% r-PET es igual 505 r-PET. El tercero es contrastar 30% r-PET igualando 50% r-PET.

Tabla 4.8 **Método LSD.**

Hipótesis	**Diferencia poblacional**	**Diferencia Muestral en valor absoluto**	**Valor LSD**	**Decisión**
H0: $\mu_{10\%} = \mu_{30\%}$	$\mu_{10\%} - \mu_{30\%}$	1.82	0.090	Significativo
H0: $\mu_{10\%} = \mu_{50\%}$	$\mu_{10\%} - \mu_{50\%}$	0.80	0.090	Significativo
H0: $\mu_{30\%} = \mu_{50\%}$	$\mu_{30\%} - \mu_{50\%}$	2.61	0.090	Significativo

Fuente: Elaboración propia,2023.

*Si el valor de la diferencia muestras es mayor que el valor de LSD, entonces si existe una diferencia media significativa. Por la tanto, con un nivel de confiabilidad del 95% y un error significativo del 5%, se infiere que el efecto de todas las proporciones de las mezclas si tuvieron efecto al menos en el tamaño de cristalito en el filamento composite, considerando la fase cristalina del material, ya que, en todos los casos, la diferencia muestral fue mayor al valor LSD.

4.5 Prueba de Resistencia al Impacto.

4.5.1 Optimización del ensayo de impacto.

La muestra se basa en una placa base a través de una apertura de un diámetro especificado. Un Impactador se encuentra en la parte superior de la muestra con un radio especificado en contacto con el centro de la muestra. Un peso se eleva dentro de un tubo guía a una altura determinada, y posteriormente se deja caer sobre la parte superior del Impactador.

La altura de caída, y resultado de la prueba (éxito/falla) se registran en la tabla 4.9, como prueba piloto se registran en total 13 impactos incluyendo la prueba, si la prueba de impacto supera la altura de caída, se incrementa en una unidad (la establecida anteriormente en el intervalo de altura), si esta misma falla, la altura de caída se reduce en una unidad.

Tabla 4.9 **Registro de falla/éxito, prueba de impacto (PP-base line).**

Altura (cm)	**Resultados, x= falla, O=éxito**												
	1	2	3	4	5	6	7	8	9	10	11	12	13
10.0	0												
12.5		0											
15.0			0										
17.5				0									
20.0					0								
22.5						0							
25.0							0						
27.5								0					
28.7									0				
30.0										X	0	0	0

Fuente: Elaboración propia,2023.

A continuación, se muestra la prueba de impacto con la mezcla del 10% de r-PET se registraron 5 pruebas donde 4 fueron falla y 1 éxito (véase tabla 4.10). Es importante comentar que los éxitos de esta prueba de impacto se refieren a las probetas que no sufrieron un agrietamiento o factura total.

Tabla 4.10 **Registro de falla/éxito, prueba de impacto, muestra 2 (10% r-PET).**

Altura (cm)	**Resultados, x= falla, O= éxito**				
	1	2	3	4	5
30	X				
		X			
			X		
				X	
					0

Fuente: Elaboración propia,2023.

A continuación, se muestra la prueba de impacto con la mezcla del 30% de r-PET seregistraron 5 pruebas las cuales fueron una falla (véase tabla 4.11).

Tabla 4.11 **Registro de falla/éxito, prueba de impacto, muestra 3 (30% r-PET).**

Altura (cm)	**Resultados, x= falla, O= éxito**				
	1	2	3	4	5
30	X				
		X			
			X		
				X	
					X

Fuente: Elaboración propia

A continuación, se muestra la prueba de impacto con la mezcla del 50% de r-PET seregistraron 5 pruebas todas fueron una falla (véase tabla 4.12).

Tabla 4.12 **Registro de falla/éxito, prueba de impacto, muestra 4 (50% r-PET).**

Altura (cm)	Resultados, x= falla, O= éxito				
	1	2	3	4	5
30	X				
30		X			
30			X		
30				X	
30					X

4.5.2 Deformación plástica instantánea.

A continuación, en la tabla 4.13., se muestran las probetas que se utilizaron (en total fueron 4), para realizar la prueba de impacto, en este caso se muestra probetas de la corrida 50% r-PET. Cómo se muestra en las fotomicrografías, en estos casos, todas las muestras de mezclas o proporciones presentaron fallas, es decir, en algunos casos se fracturaron través de una sola línea (grieta) que parte desde el borde de la muestra hacia el centro de todas las muestras de mezclas presentadas falla, es decir, está parcialmente fracturado a través de una sola línea que comienza desde el borde de la muestra hacia el centro. En otros casos, la fractura fue totalmente.

Tabla 4.13 **Imágenes de antes y después del ensayo de impacto.**

Muestra	Antes (fotomicrografía)	Después (fotomicrografía)	Antes (micrografía 40X)	Después (micrografía 40X)
50% r-PET	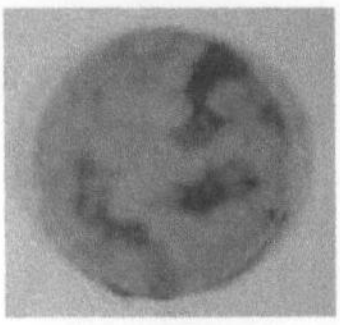	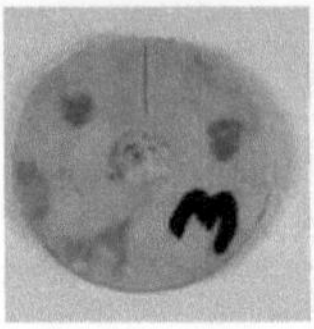		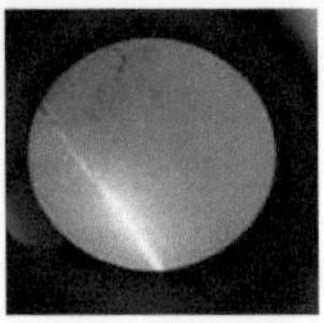
	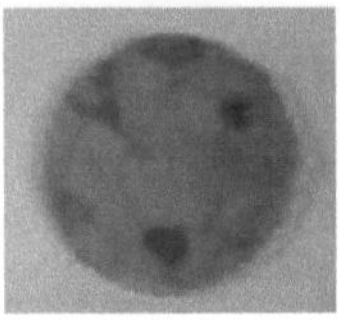	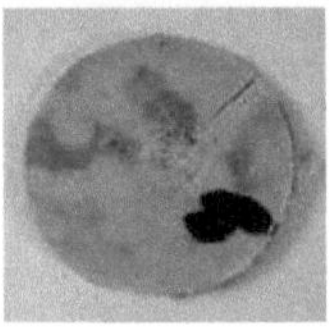		
30% r-PET	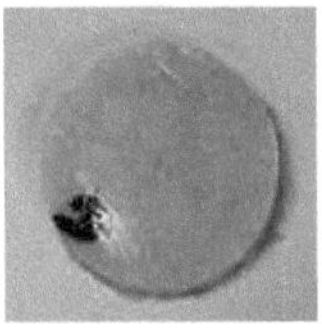	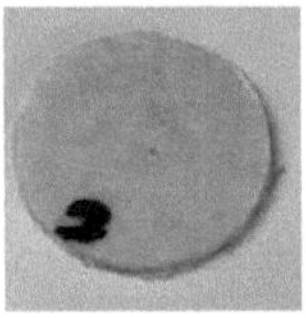	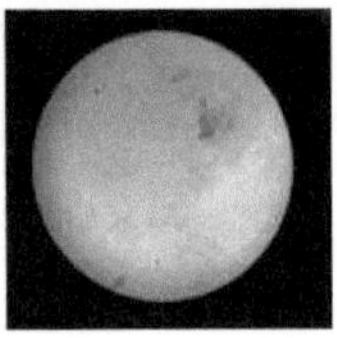	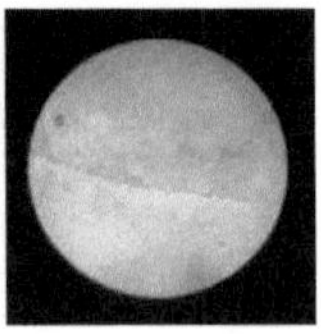
	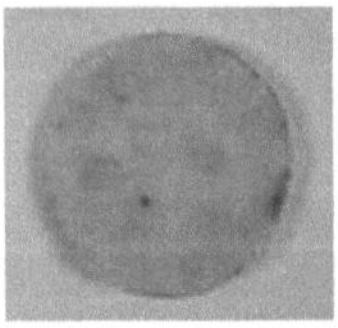	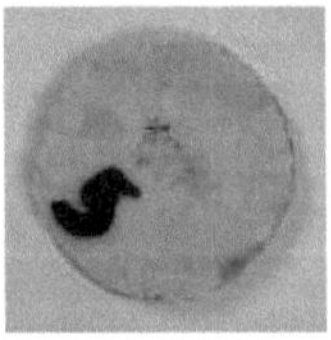		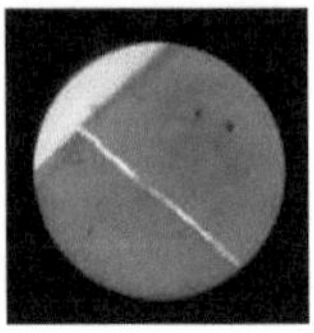

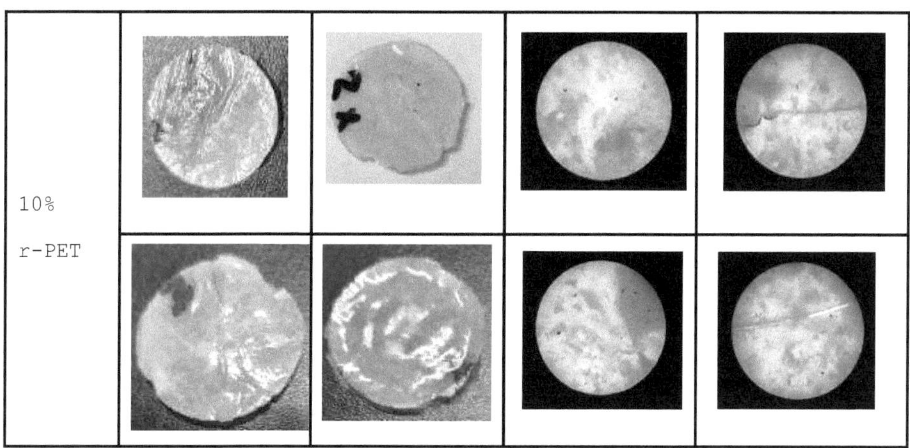

Fuente: Elaboración propia,2023.

La fractura en todas las muestras puede atribuirse a una mala dispersión del relleno y aglomeración, creando puntos de concentración de tensión dentro del compuesto. La fractura en todas las muestras puede atribuirse a una mala dispersión del relleno y aglomeración, creando puntos de concentración de tensión dentro del compuesto. Las grietas cargadas de muestras pueden iniciarse y propagarse, lo que resulta en una capacidad de carga reducida en los compuestos de fractura causado principalmente por la adhesión de la matriz de relleno. La homogeneidad de la carga en un sistema compuesto también depende de la técnica de mezcla empleada. La técnica más popular para preparar un termoplásticoreforzado el compuesto es la extrusión mediante una extrusorade doble tornillo, es decir, el diseño del tornillo y el mecanismo que determina el nivel de homogeneidad de una mezcla termoplástica. Por lo tanto, la aglomeración de relleno problema se puede resolver si se utiliza una buena técnica de mezcla en la que el punto de concentración de tensión se puede evitar la formación y la distribución de la carga se puede dispersar bien.

Capítulo 5. **Conclusiones y Recomendaciones**

Al desarrollar el presente trabajo, se pudieron analizar las condiciones en las que opera actualmente la extrusora Beutelspeacher en el Laboratorio de Física en la nave experimental de la Facultad de Ingeniería Tampico, se tomó una capacitación con el fin de saber operar esta misma, y para determinar el cálculo de las densidades se utilizó el método de la balanza. Para lograr lo expresado anteriormente, fue necesario familiarizarse con los artículos, y partes que constituyen los equipos.

5.1 Respuesta al problema de investigación.

La integración de proporciones significativas de v-PP del 90, 70 y 50%, promovió la extrusión del material de una manera estable, sin embargo, a la proporción del 90% de r-PET, la temperatura de extrusión se disminuyeron para mantener el diámetro del filamento estable. En relación con la densidad especifica, se encontró relación directa, es decir, a mayor proporción de r-PET, la densidad incrementa. Este comportamiento, también se presentó en resultados de DRX, es decir, como incrementa la proporción de r-PET, la fase estructural tiende a ser amorfa.

5.2 Análisis de cumplimiento de los objetivos de la investigación.

Se obtuvieron los filamentos extruidos variando la proporción de r-PET en una matriz de v-PP exitosamente. Se observó que cuando se mezcla del 50% r-PET, se presentan filamentos con textura suave, con un diámetro uniforme. En el caso de la corrida 30% r-PET se presentan filamentos con rugosidad y el diámetro presentó uniformidad. Por último, en la corrida 10% r-PET, durante el proceso de extrusión fue imposible mantener la temperatura.

Los objetivos particulares planteados en el trabajo previamente son:

a) Estudiar propiedades estructurales a través de patrones de difracción obtenidos por el método Brag-Bentano.

En general se observó, que es notable que los picos más intensos son promovidos por la contribución de la matriz polimérica del v-PP comercial.

b) Evaluar propiedades físicas y mecánicas a través del método volumétrico y ensayo de impacto respectivamente.

En esta prueba se utilizaron 4 probetas para cada corrida, utilizando un impactador, cabe mencionar que los éxitos que se obtuvieron en esta prueba se refieren a las probetas que no sufrieron un agrietamiento o fractura total.

5.3 Aceptación o Rechazo de la hipótesis o del supuesto.

Las hipótesis del estudio fueron planteadas de la siguiente manera:

a) *Utilizar una prueba de hipótesis con una prueba no paramétrica con la finalidad de conocer si las proporciones del PP-PET, son significativas.*

H_0: Existe una diferencia significativa en almenos en una de las muestras de las densidades apareada por cada tratamiento.

H_1: No existe.

En la corrida de 50% PP - 50% PET vs 70% PP - 30% PET, el valor de P fue 0.000. En la corrida de 50% PP- 50% PET vs 90% PP - 10% PET, elvalor de P fue 0.003.

En la corrida de 70% PP- 30% PET vs 90% PP- 10% PET, el Valor de P fue 0.212.

Con un nivel de confiabilidad del 95% y un errorsignificativo del 5% se asume las siguientes conclusiones:

1. Si 0.000 ≥ 0.050 ~ Ho se rechaza.
2. Si 0.003 ≥ 0.050 ~ Ho se rechaza.
3. Si 0.212 ≥ 0.050 ~ Ho se cumple.

$$\alpha = 5\% = 0.050$$

b) Correlación de Spearman

Si r= 0.500, o mayor, entonces si hay buena relación entre las variables.

50% PP- 50% PET vs 70% PP-30% PET r= -0.596

70% PP- 30% PET vs 90% PP-10% PET r= 0.331

50% PP- 50% PET vs 90% PP-10% PET r= 0.266

En este caso en el set 50% PP -50% PET vs 70% PP-30% PET sitiene relación.

Para que un estudio sea confiable se tiene que cumplir ciertos requisitos:

1.-Las observaciones de ambos grupos son independientes.

2.- Las observaciones son variables ordinales o continuas.

3.- Bajo la hipótesis nula, las distribuciones de partidade ambas distribuciones es la misma.

Por lo que si r= 0, quiere decir que es independiente las variables.

50% PP- 50% PET vs 70% PP-30% PET r= -0.818

70% PP- 30% PET vs 90% PP-10% PET r= -0.394

50% PP- 50% PET vs 90% PP-10% PET r= 0.164

En base a los requisitos mencionados anteriormente, podemos comprobar que en el set 50% PP - 50% PET es dependiente, mientras que las otras dos mezclas en mención no lo son.

c) Prueba de normalidad con Kulmogorov-Smirnov

Si el valor de P-value es mayor que α, entonces si sigue una distribución normal.

50% PP- 50% PET valor p= 0.125 ≥ α= 0.050

70% PP- 30% PET valor p= 0.150 ≥ α= 0.050

90% PP- 10% PET valor p= 0.039 ≥ α= 0.050

En base a lo ya mencionado anteriormente, en el set 90% PP - 10% PET, podemos notar que este no sigue una distribución normal.

5.4 Limitaciones que obstaculizaron la investigación.

Solo para enfatizar, durante el periodo en el que se realizó esta investigación, se presentó muchas fallas-restricciones, por ejemplo; para el corte de las botellas de PET por estar la máquina cortadora desconectada, se hizo de manera manual utilizando tijeras y bandeja para su manejo y almacenamiento, por lo que, provocó retardo por la naturaleza del proceso.

Por otro lado, al momento de hacer el barrido en el sistema de extrusión, se atascó un orificio del dado de la extrusora y el sistema se bloqueó y se detuvo el proceso de extrusión. El proceso destaponamiento y rehabilitación del sistema fue tardado. Otra limitación encontrada, fue la disponibilidad del espacio en el laboratorio, ya que, en el área en mención, particularmente en horario de oficina; el laboratorio se encontraba ocupado por otro profesor, ya que el laboratorio era compartido.

5.5 Recomendaciones propias de la investigación.

En base a los resultados presentados en el capítulo anterior, se detectaron las siguientes oportunidades de mejora:

1. Habilitar la máquina cortadora de botellas de PET.
2. Controlar el tamaño de hojuela de PET, para fortalecer el proceso de dispersión en la matriz.
3. Mezclas los materiales uniformemente utilizando mezcladora Brabender, para mejorar la dispersión del material secundario.

5.6 Recomendaciones para futuras investigaciones.

En cuanto a la propuesta realizada en este proyecto, y a la maquinaria y espacio que la componen, se hacen notar las siguientes recomendaciones:

1. Ajustar las proporciones del material secundario usando intervalos más pequeños (nivel de experimentación).
2. Probar el material extruido en el trabajo utilizando impresora 3-D, para evaluar el proceso de impresión y la calidad de impresión.
3. Dependiendo del resultado del punto anterior, revisar las características del filamento pudieran ser candidato para

imprimir prótesis en 3-D.

4. Caso contrario, revisar en la literatura, que aplicación secundaria podría utilizarse los filamentos propuestos en el presente trabajo.

Bibliografía

Alarcón Cavero, H. (2016). ***Evaluación de las propiedades químicas y mecánicas de biopolímeros a partir del almidón modificado de la papa.*** SCIELO.

Alegría, A. (13 de Enero de 2022). ***México recicló más de 1 millón de toneladas de plásticos:*** Anipac La Jornada. Obtenido de Anipac La ornada: https://www.jornada.com.mx/notas/2022/01/13/economia/en-2021-mexico-reciclo-mas-de-1-millon-de-toneladas-de-plastico-anpac/ v

Antonella Patti, D. A. (2021). ***Viscoelastic behaviour of highly flled polypropylene with solid and liquid tin microparticles: influence of the stearic acid additive.*** Rheologica Acta 60:661-673, 1-13.

Aparicio Ceja, M. E. (2010). ***Utilidad de la difraccion de rayos x en las nanociencias.*** Mundo Nano Vol 3. No 2.

Awaja, F. (2005). ***Recycling of PET.*** Obtenido de European Polymer Journal,41,1453-1477: https://doi.org/10.1016/j.eurpolymj.2005.02.005

Belcher, S. (2011). ***Applied Plastics Engineering Handbook.*** Science Direct, 267-288. Beldarraín, A. (2001). Application of Differential Scanning Calorimetry to Protein Stability Studies. Biotecnología Aplicada, 10-16.

Beltrán, M. (2011). ***Tema 1. Estructura y propiedades de los polímeros.*** Obtenido de Tecnología de los Polímeros: https://rua.ua.es/dspace/handle/10045/16883

Bertolino, D. (2021). ***Designing 3D printable polypropylene: Material and process optimitation through rheology.*** Additive Manufacturing Vol. 40 .

Blog, (09 de Febrero de 2023). ***Breve historia de la impresión 3D.*** Obtenido de https://www.impresoras3d.com/breve-historia-de-la-impresion-3d/

Blog, (15 de Enero de 2020). ***Problemas comunes y soluciones en impresiones 3D.***Obtenido de filament2print.com

Borras, F. (2016). ***Obtenido de Caracterización de materiales poliméricos.***

Caicedo, C. C.-D.-R.-J. (2017). ***Propiedades termo-mecánicas del Polipropileno: Efectos durante el reprocesamiento.*** Ingeniería, investigación y tecnología, 18(3). SCIELO, 245-252.

Calderón, C. (2 de Agosto de 2022). ***Reciclaje en México: Sólo 6% del plástico que se produce en el país se reutiliza.*** Obtenido de El Financiero:htttps://www.elfinanciero.com.mx/empresas/2022/08/02/reciclaje-en-mexico-solo-6-del-plastico-que-se-produce-en-el-pais-se-reutiliza/?outputType=amp

Czichos, H. (2006). ***Springer Handbook of Materials Measurement Methods.***Obtenido de Springer Science+ Bussiness Media,Inc.

Díaz, L. (2016). ***Reúso de desechos de conchas de ostión «crassostrea virginica» para la obtención de un material como aglomerante de mortero a partir de tratamientos de molienda y calcinación.*** Obtenido de Espacio I+D Innovación más Desarrollo,38-48.

Diez, S. (2011). ***Fibras y Materiales de Refuerzo: los poliesteres reforzados aplicados a la realizacion de piezas 3D.*** Revista Iberoamericana de Polímeros Vol (12), 1-16.

Fallas, J. (2012). ***Análisis de varianza. Comparando tres o más medias,54.*** Obtenido de https://www.ucipfg.com/repositorio/mgap/mgap-05/bloque-academico/unidad-2/complementarias/analisis_de_varianza_2012.pdf

Fonda, C. (2014). ***Guía Práctica para tu Primera Impresión 3D.*** Science Dissemination UnitThe Abdus Salam International Center .

Frizelle, W. G. (2011). ***Applied Plastics Engineering Handbook.*** Science Direct, 205-214.

García Dueñas, D. (03 de Diciembre de 2021). ***Polietileno Tereftalato: PET.***Semana Academica,1(1).Obtenido de https://ingenieriaindustrialitt.org/publicacion/semana-academica/article/view/42

Grünewald, T. (2022). ***Structure of an amorphus calcium carbonate phase involved in the formation of Pinctada margaraitifera shells***. Obtenido de Biophysiscs and computactional biology: https://doi.org/10.1073/pnas.2212616119

Gutiérrez-Pulido, H. &.-S. (2008). ***Análisis y diseño de experimentos Segunda Edición.*** México: McGraw-Hill/Interamericana Editores,S.A de C.V.

Hernandez, S. C. (2014). ***Metodología de la Investigación 5ta Ed.*** En Metodología de la Investigación 5ta Ed. (págs. 2-4). México,D.F.: McGraw-Hill.

Hernandez, S. F. (2014). ***Metodología de la Investigación 6ta Ed.*** En Metodología de la Investigación 6ta Ed. (págs. 90-96). México, D.F.: McGRAW-HILL.

Impacto de Gardner. (12 de noviembre de 2023). Obtenido de Laboratorio>análisis mecánicos. ***Polímeros termplásticos, elastómeros y aditivos:*** mexpolimeros.com

INDELPRO. (10 de Febrero de 2020). ***INDELPRO PROFAX.***

Islam Kh, N. (2012). ***Facile Synthesis of Calcium Carbonate Nanoparticles from Cockle Shells.*** Hindawi Publishing Corporation Journal of Nanomaterials Volumen 5.

Katarzyna, M. S. (2021). ***3D printing filament as a second life of waste plastics- a review.*** Environmental Science and Pollution Research 28:12321–12333, 1-13.

Leso, V. (2021). ***Three-Dimensional (3D Printing: Implications for Risk Assessment and Management in Occupational Settings.*** BOHS, 617-634.

Little, H., J.Reich, M., Fiedler, M., Snabes, S., & Pearce, J. (2020). ***Distributed Recycling with Additive Manufacturing of PET Flake Feedstocks***.Materials,13,4273. Obtenido de https://doi.org/10.3390/ma13194273

Mangonon, P. (2001). ***Ciencia de Materiales SELECCION Y DISEÑO.*** En P. Mangonon, Ciencia de Materiales SELECCION Y DISEÑO (págs. 171-172). México: Pearson Educacion.

Maximilian, B. S. (2022). ***Manufacturing of a PET Filament from Recycled Material for Recycled material for material extrusion (MEX).*** Recycling, 7,69.

Merrington, A. (2017). ***Recycling of Plastics.*** ScienceDirect, 167-189.

Montgomery, D. (1996). ***Probabilidad y Estadistica para ingeniería y administración Tercera Reimpresión.*** México: Continental,S.A de C.V.

Montgomery, D. (2004). ***Diseño y Análiss de Experimentos 2da Edición*** . LIMUSA S.A de C.V.

Mount III, E. M. (2011). ***Applied Plastics Engineering Handbook .*** Science Direct , 227-266.

Navarro, N. (2022). ***Desarrollo de un prototipo de máquina recicladora de polímero para elaboración de filamento para impresión 3D.*** Tesis de Licenciatura,programa de ingeniería mecatrónica de Bucaramanga,Colombia.

Nugent, P. (2011). ***Applied Plastics Engineering Handbook***. Science Direct, 311-332.

Ortega, Y. (2006). ***Prueba de Impacto: Ensayo Charpy .*** Revista Mexicana de Física Enseñanza E-52, 51-57.

Pacheco Carpio, I. (2019). ***Ánalisis de tracción de probetas impresas en 3-D mediante deposición de hilo fundido de PLA,ABS, PLA/MO.*** Obtenido de https://dspace.ups.edu.ec/handle/123456789/17123

Pérez, R. A. (2013). ***Efecto de las variables del proceso de extrusión sobre la relación estructura- propiedades de películas tubulares de PEBD vol.14.*** Revista Iberoamericana de Polímeros, 1-18.

Petroudy, D. (2017). ***Elongation at break.*** ScienceDirect. Obtenido de https://www.sciencedirect.com/topics/engineering/elongation-at-break

Praveen, H. (2019). ***Handbook of Pharmaceutical Wet Granulation (chapter 8).***Science Direct, 263-315.

R.H, P. P. (2012). ***Mechanical properties of recycled PET fibers in concrete.*** Obtenido de https://doi.org/10.1590/S1516-14392012005000088

Radeva, V. (2006). ***Materiales compuestos reforzados con fibra.*** En Ciencia y Sociedad, Volumen XXXI,número 4 .

Ricardo A. Pérez, A. T. (2013). ***Efecto de las Variables delc proceso de extrusion sobre la relación estructura - propiedades de peliculas tubulares de PEBD vol.14.*** Revista Iberoamericana de Polímeros, 1-18.

Rocha, L. C. (2016). ***Effect of Carbon Fillers in Ultrahigh Molecular Weight Polyethylene Matrix Prepared by Twin-Screw Extrusion.*** Obtenido de Materials Sciences and Applications,7,863-880: http://dx.doi.org/10.4236/msa.2016.71206

Rodríguez, E. V. (2010). ***Caracterización de polímeros aplicando el método termogravimétrico .*** En Métodos y Materiales (2)1 (págs. 25-32).

Ronge Xing, Y. Q. (2013). ***Comparison of antifungal activities of scallop shell oyster shell and their pyrolyzed products.*** Egyptian Journal of Aquatic Research, 83-90.

Scheuermann, H. (1989). ***Parámetros importantes en el proceso de extrusión: su medición y significado para la calidad del producto.*** Informador Técnico: Vol 41, , 1-10.

Tatara, R. (2017). ***Applied Plastics Engineering Handbook (Second Edition).*** Science Direct, 291-320.

Throne, J. (2011). ***Applied Plastics Engineering Handbook. Science Direct, 333-358.***
Tippens, P. (2007). Física Conceptos y Aplicaciones. México,D.F: McGrawHill.

Universidad Politécnica Selaina Sede Cuenca . (s.f.). ***Obtenido de Análisis de tracción de probetas impresas en 3D mediante deposicion de hilo fundido de PLA, ABS y PLA/MLO:*** ups.edu.ec

Wei Keat, N. W. (2022). ***Plastics in 3D Printing.*** Encyclopedia of Materials: Plastics and polymers Vol.4, 82-91.

Zamora, A. (2004). ***Ciclo gonádico del ostión americano Crassostrea Virginica.*** Revista de Biología Tropical vol.51, 109.117.

Zander, N. E., & Margaret Gillan, R. H. (2018). ***Recycled polyethylene terephthalate as a new FFF feedstock material. En N. E. Zander, & R. H. Margaret Gillan, Additive Manufacturing (pág. 724).***

Zárybnická L, Š. R. (2022). ***CaCO3 Polymorphs Used as additives in filament production for 3D Printing. Polymers, 14,199.***

Zhang, J. R.-C. (2022). ***A review of emission characteristics and control strategies for particles emitted from 3D fused deposition modeling (FDM) printing.*** Science Direct.

Zipeng Liu, J. (2021). ***Effect of acid stearic on the microstructural rheological and 3D printing characteristics of rice starch .*** International Journal of Biological Macromolecules Vol 189, 590-596.

ANEXOS

Anexo 1. Evidencias del desarrollo experimental.

Etapa 1.- Para esta etapa se ocupará 3 vasos de precipitado,donde 1 estará vacío y en los otros 2 estarán por separado nuestros materiales a utilizar (el de base PP y el de relleno PET). Antes de empezar hay que asegurar que la báscula esté bien nivelada, es necesario verificar que la báscula señale con exactitud el cero, posteriormente se pesa primero el recipiente vacío donde se va a poner el cuerpo a pesar y le damos al boto de tara, para poner a cero, esto sellama tarar. (véase en la figura 2.8).

Figura 2.8 **Balanza equilibrada y tarado.**
Fuente: Fotografía propia, 2023.

Etapa 2.- Después pesamos nuestros materiales según el porcentaje o proporción que se desee trabajar (véase Figura 2.9).

Figura 2.9 **PP y PET pesados en gramos.**
Fuente: Fotografía propia, 2023

Etapa 3- Posteriormente encendemos la estufa a 100° C para meter nuestros materiales para eliminar moléculas de agua. (véase figura 2.10).

Figura 2.10 **Material primario y secundario en la estufa 100º C.**
Fuente: Fotografía propia, 2023

Etapa 4.- Después de que transcurra la hora, reposamos nuestro material y mientras hacemos el encendido de la extrusora, antes de extruir nuestra mezcla, se debe realizar un barrido con PP, esto con el fin de hacer una limpieza y evitar que hayan quedado residuos de nuestra corrida anterior. Posteriormente en un envase vacíe mis materiales para hacer una mezcla (Figura 2.11), después de revolver empezamos a vaciar en la tolva/zona de alimentación (Figura 2.12).

Figura 2.11 **Material de base (PP) y material de relleno (PET).**
Fuente: Fotografía propia, 2023

Figura 2.12 **Material de base (PP) y material de relleno (PET) en la zona de alimentación de la extrusora.**
Fuente: Fotografía propia, 2023

Etapa 5.- Después de haber extruido las tres corridas (50% PP- 50% PET), (70% PP - 30% PET), (90% PP - 10% PET), con un vernier digital medimos la longitud de 5 cm (50mm) del filamento y procedemos a cortar 10 muestras de este mismo de cada corrida, para tener un total de 30 muestras para calcular su densidad, para esto debemos realizar el mismo procedimiento de equilibrar nuestra balanza de precisión y proceder a pesar nuestro filamento (como se muestra en la Figura 2.13).

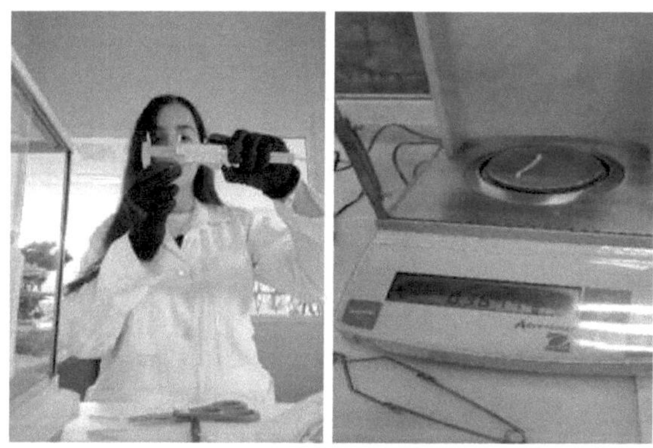

Figura 2.13 **Filamentos medidos con un Vernier y pesados en la balanza analítica.**
Fuente: Fotografía propia, 2023

Etapa 6.- Nuevamente con un vernier digital vamos a medir el diámetro del filamento se miden los extremos y el medio de este mismo en mm y así sacar su promedio y radio. Después sumergimos las muestras de filamento con un poco de Alcohol Isopropílico para limpiar suciedad, solo se meten e inmediatamente se sacan y se ponen en una servilleta para que absorba la humedad (Figura 2.14).

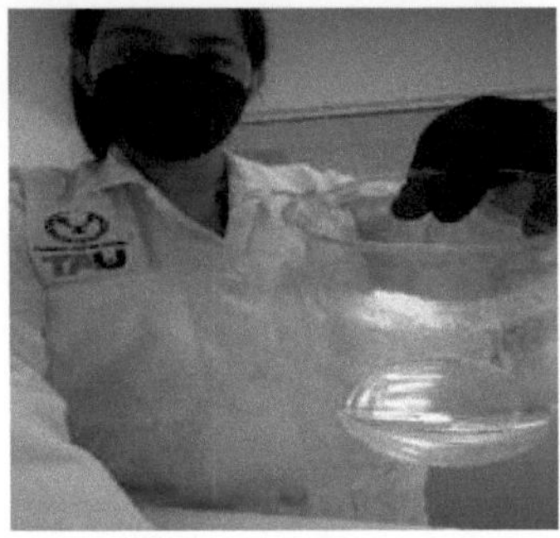

Figura 2.14 **Filamento sumergido en alcohol isopropílico.**
Fuente: Fotografía propia, 2023

Etapa 6.- Para esta corrida se tomaron en cuenta las mismas condiciones (temperaturas) que en la corrida de 50% PET - 50% PP sin aditivo, conforme salía el filamento nos dimos cuenta de que salía de la siguiente manera (Figura 2.15):

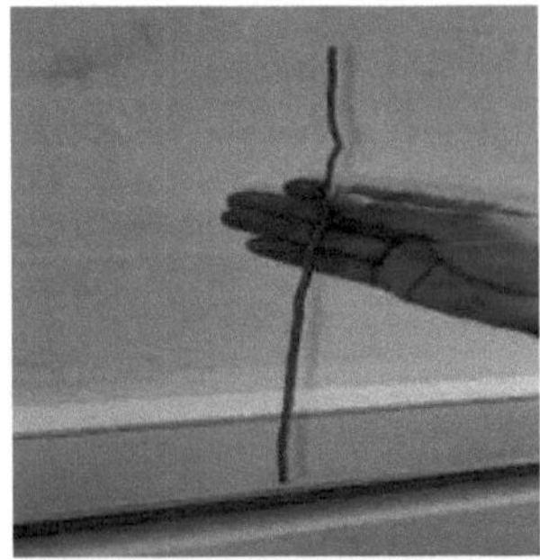

Figura 2.15 **Filamento extruido.**
Fuente: Fotografía propia, 2023

Después se fue regulando la temperatura para tener un control del filamento, de tal forma que se percibe un filamento con un volumen más uniforme sin rugosidad. En la Figura 2.16 se hace lacomparación.

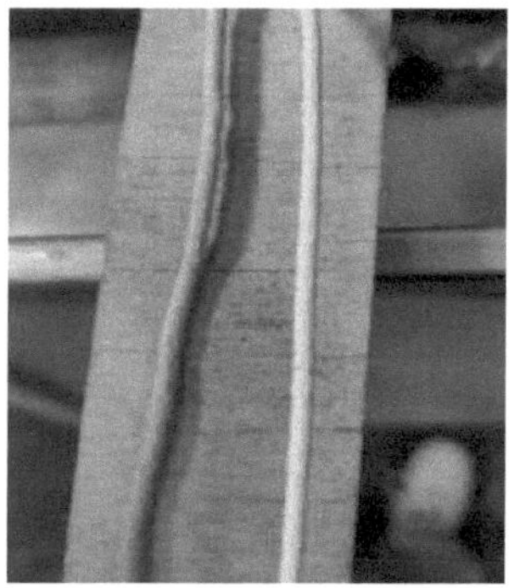

Figura 2.16 Comparación de filamentos.
Fuente: Fotografía propia, 2023

Anexo 2. Registros de parámetros tales como peso, longitud, diámetro, radio, volumen y densidad para calcular la densidad del filamento.

CORRIDA 90% PP - 10% PET					
MASA	LONGITUD	DIAMETRO	RADIO	VOLUMEN	DENSIDAD (g/cm^3)
0.3995g	50.40mm	3.48	1.74	0.479380011	0.833368081
0.1802g	50.0 mm	2.37	1.185	0.220619778	0.816789871
0.2910g	50.06mm	2.933	1.4665	0.337994532	0.860960674
0.3644g	50.74mm	3.48	1.74	0.482613924	0.755054883
0.3464g	50.88mm	2.823	1.4115	0.318458413	1.08774014
0.3364g	50.2mm	3.173	1.5865	0.396936071	0.847491635
0.3604g	50.23mm	3.373	1.6865	0.448822064	0.802990826
0.2383g	50.80mm	2.456	1.228	0.240664113	0.990176712
0.3874g	50.09mm	3.396	1.698	0.453708893	0.853851458
0.3723g	50.88mm	3.136	1.568	0.39299779	0.947333572
				Promedio	**0.880**

CORRIDA 50% PP -50% PET					
MASA	LONGITUD	DIAMETRO	RADIO	VOLUMEN	DENSIDAD (g/cm^3)
0.3740g	50.79mm	3.04	1.52	0.368651731	1.01450765
0.4791g	50.01mm	3.41	1.705	0.463850328	1.03287628
0.4530g	50.63mm	3.36	1.68	0.448928709	1.0090689
0.3481g	50.44mm	2.946	1.473	0.343820257	1.01244762
0.3178g	50.35mm	2.826	1.413	0.315816406	1.00628085
0.3945g	50.01mm	3.1	1.55	0.377460177	1.04514337
0.3807g	50.18mm	3.076	1.538	0.372901574	1.02091283
0.4240g	50.71mm	3.23	1.615	0.415517723	1.02041376
0.3511g	50.27mm	2.8	1.4	0.312248651	1.12442439
0.3511g	50.18mm	3.05	1.525	0.366624288	0.957656139
				Promedio	**1.024**

CORRIDA 70% PP - 30% PET					
MASA	LONGITUD	DIAMETRO	RADIO	VOLUMEN	DENSIDAD (g/cm^3)
0.3549g	50.47mm	3.016	1.508	0.360567747	0.984281048
0.3396g	50.28mm	3.18	1.59	0.399337786	0.85040788
0.3458g	50.45mm	3.106	1.553	0.38225658	0.904627986
0.3384g	50.09mm	3.06	1.53	0.368370447	0.918640468
0.3534g	50.25mm	3.05	1.525	0.367135721	0.962586803
0.3329	50.43mm	3.18	1.59	0.400529128	0.831150544
0.3431	50.45mm	3.148	1.574	0.392664387	0.873774173
0.3311	50.70mm	3.096	1.548	0.381681193	0.86747709
0.3407g	50.41mm	3.156	1.578	0.394349762	0.863953862
0.3535g	50.52mm	3.03	1.515	0.364283496	0.970398066
				Promedio	**0.903**

Anexo 3. Estadística descriptiva/densidades filamentos.

CORRIDA 90% PP - 10% PET	
DENSIDAD (g/cm3)	
Media	0.879575785
Error típico	0.031559762
Mediana	0.850671547
Moda	#N/D
Desviación estándar	0.09980073
Varianza de la muestra	0.009960186
Curtosis	0.819653532
Coeficiente de asimet	1.104040612
Rango	0.332685257
Mínimo	0.755054883
Máximo	1.08774014
Suma	8.795757852
Cuenta	10
Nivel de confianza(95.	0.071393141

CORRIDA 90% PP - 10% PET	
DENSIDAD (g/cm3)	
Media	0.87957579
Error típico	0.03155976
Mediana	0.85067155
Moda	#N/D
Desviación estándar	0.09980073
Varianza de la muestra	0.00996019
Curtosis	0.81965353
Coeficiente de asimet	1.10404061
Rango	0.33268526
Mínimo	0.75505488
Máximo	1.08774014
Suma	8.79575785
Cuenta	10
Nivel de confianza(95.	0.07139314

CORRIDA 50% PP -50% PET	
DENSIDAD (g/cm3)	
Media	1.02546935
Error típico	0.01475999
Mediana	1.02041376
Moda	#N/D
Desviación estándar	0.04427996
Varianza de la muestra	0.00196072
Curtosis	3.60998294
Coeficiente de asimetría	1.2055237
Rango	0.16676825
Mínimo	0.95765614
Máximo	1.12442439
Suma	9.22922414
Cuenta	9
Nivel de confianza(95.0%)	0.03403659

Anexo 4. Gráficos de correlación Spearman.

(a)

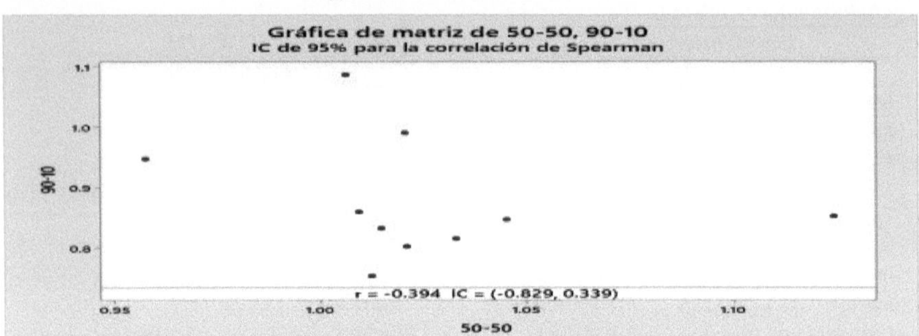

(b)

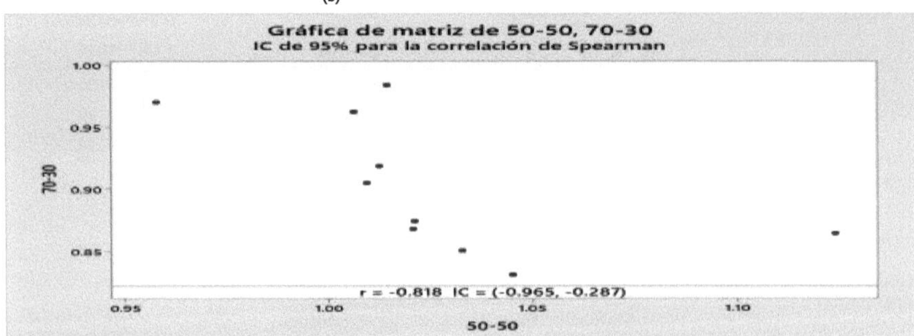

(c)

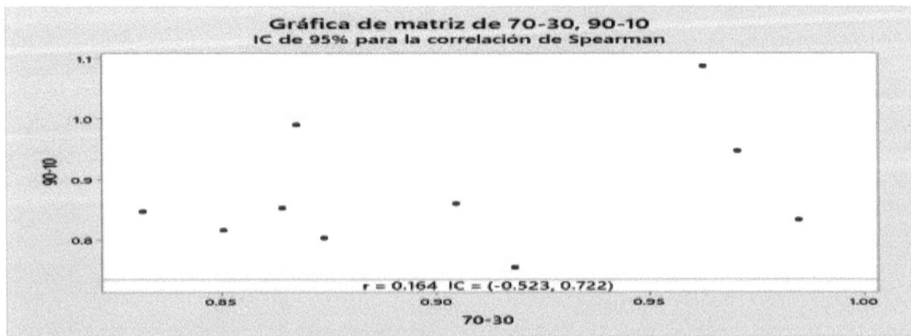

Anexo 5. Mann-Whitney: 50% PP-50% PET, 90% PP-10% PET.

Método η_1: mediana de 50-50

η_2: mediana de 90-10

Diferencia: $\eta_1 - \eta_2$

Estadísticas descriptivas

MUESTRA	N	MEDIANA
50-50	10	1.01746
90-10	10	0.85067

Estimación de la diferencia

Diferencia	**IC para la diferencia**	**Confianza Lograda**
0.167039	(0.0671741,0.209457)	95.48%

Prueba

Hipótesis nula	H_0: $\eta_1 - \eta_2 = 0$
Hipótesis alterna	H_1: $\eta_1 - \eta_2 \neq 0$

Valor W	**Valor p**
145.00	0.003

Anexo 6. Mann-Whitney: 70% PP-30% PET,90% PP-10% PET.

Método

η_1: mediana de 70-30

η_2: mediana de 90-10

Diferencia: $\eta_1 - \eta_2$

Estadísticas descriptivas

MUESTRA	N	MEDIANA
70-30	**10**	**0.889201**
90-10	**10**	**0.850672**

Estimación de la diferencia

Diferencia	IC para la diferencia	Confianza Lograda
0.0338635	(-0.0298101.0.109437)	95.48%

Prueba

Hipótesis nula $H_0: \eta_1 - \eta_2 = 0$Hipótesis alterna $H_1: \eta_1 - \eta_2 \neq 0$

Valor W	Valor p
122.00	0.212

Anexo 7. Método ANOVA.

Material (r-PET, % peso)		
10%	30%	50%
8.891	10.714	8.035
8.806	10.619	8.029
8.798	10.607	8.036
8.832	10.647	8.033

Análisis de varianza de un factor

RESUMEN

Grupos	Cuenta	Suma	Promedio	Varianza
0.1	3	26.495	8.831666667	0.002656333
0.3	3	31.94	10.64666667	0.003436333
0.5	3	24.1	8.033333333	1.43333E-05

ANÁLISIS DE VARIANZA

Origen de las variaciones	*Suma de cuadrados*	*Grados de libertad*	*Promedio de los cuadrados*	*F*	*Probabilidad*	*Valor crítico para F*
Tratamientos	10.761	2	5.381	2643.13	1.457E-09	5.143
Error	0.012	6	0.002			
Total	10.77328622	8				

10%		*30%*		*50%*	
Media	8.831666667	Media	10.646667	Media	8.033333333
Error típico	0.029756419	Error típico	0.0338444	Error típico	0.002185813
Mediana	8.806	Mediana	10.619	Mediana	8.035
Moda	#N/D	Moda	#N/D	Moda	#N/D
Desviación estándar	0.051539629	Desviación estándar	0.0586202	Desviación está	0.003785939
Varianza de la muestr	0.002656333	Varianza de la muestra	0.0034363	Varianza de la	1.43333E-05
Curtosis	#¡DIV/0!	Curtosis	#¡DIV/0!	Curtosis	#¡DIV/0!
Coeficiente de asimetr	1.685221506	Coeficiente de asimetría	1.6507536	Coeficiente de	-1.597096993
Rango	0.093	Rango	0.107	Rango	0.007
Mínimo	8.798	Mínimo	10.607	Mínimo	8.029
Máximo	8.891	Máximo	10.714	Máximo	8.036
Suma	26.495	Suma	31.94	Suma	24.1
Cuenta	3	Cuenta	3	Cuenta	3
Nivel de confianza(95	0.128031535	Nivel de confianza(95.0%)	0.1456208	Nivel de confia	0.009404794

Anexo 8. Método LSD.

LSD

N=9		α=	0.05
k=3		$\alpha/2$=	0.025
		$t_{0.025, 6}$	2.45
		CM_E=	0.00203567

Hipótesis	**Diferencia po**	**Diferencia muestral en valor**	**Valor LSD**	**Decisión**
H_0: $\mu_{10\%} = \mu_{30\%}$	$\mu_{10\%}$-$\mu_{30\%}$	1.82	0.090	Es significativo
H_0: $\mu_{10\%} = \mu_{50\%}$	$\mu_{10\%}$-$\mu_{50\%}$	0.80	0.090	Es significativo
H_0: $\mu_{30\%} = \mu_{50\%}$	$\mu_{30\%}$-$\mu_{50\%}$	2.61	0.090	Es significativo

Anexo 9. Imágenes de probetas

Las microfotografías se obtuvieron en un microscopio Digital Microscope JNYZ59419, rango de enfoque 15 mm-40 mm con máxima magnificación, 50X sin luz, 50X y 1000X, previo ensayo por impacto.

Condición de imagen	C-PP	90%PP-10%PET	70%PP-30%PET	50%PP-50%PET
50X sin luz				
50X	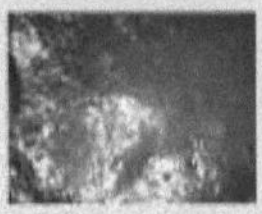		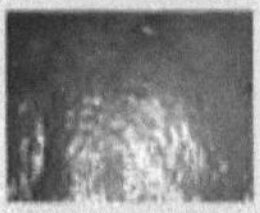	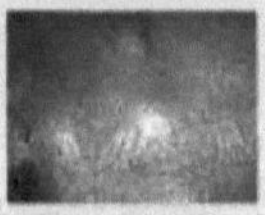
1000X				

Printed by Books on Demand GmbH, Norderstedt / Germany